景观设计系列丛书

景观设计中的垂直交通
——阶、坡、梯

章怡维　著

中国建筑工业出版社

图书在版编目（CIP）数据

景观设计中的垂直交通——阶、坡、梯/章怡维著. —北京：中国建筑工业出版社，2017.10
（景观设计系列丛书）
ISBN 978-7-112-20686-5

Ⅰ.①景… Ⅱ.①章… Ⅲ.①园林设计－景观设计－研究
Ⅳ.①TU986.2

中国版本图书馆CIP数据核字（2017）第083355号

　　景观设计中的阶、坡、梯，在解决高差交通的同时，更是垂直的、立体化的景观元素。本书深入介绍其所持有的特点、规范要求、常用位置、使用材料、空间体形、视觉环境以及他们之间的相互配合和延伸。本书也是作者多年风景园林工作实践的小结，可供广大风景园林设计师、高等院校风景园林专业师生学习参考。

责任编辑：吴宇江　孙书妍
责任校对：焦　乐　张　颖
本书由李兴、孔令军绘图

景观设计系列丛书

景观设计中的垂直交通——阶、坡、梯
章怡维　著

*

中国建筑工业出版社出版、发行（北京海淀三里河路9号）
各地新华书店、建筑书店经销
北京锋尚制版有限公司制版
北京利丰雅高长城印刷有限公司印刷

*

开本：880×1230毫米　1/16　印张：14¾　字数：402千字
2018年1月第一版　2018年1月第一次印刷
定价：128.00元
ISBN 978－7－112－20686－5
（30334）

台阶、坡道是园林中不可缺少的重要组成部分。因此，台阶和坡道的设计均受到业界的高度重视。

章怡维先生1961年毕业于同济大学建筑系，毕业后长期从事园林建筑及园林小品等硬质景观的设计。在上海和其他城市的园林中都留下许多章怡维先生的优秀作品。现他虽已退休，但仍悉心指导青年景观设计师。

章怡维先生通过长期的工作实践，积累了相当丰富的经验。同时，他广泛搜集了古今中外许多优秀台阶、坡道的设计案例，并进行总结分析。现章先生将这些宝贵的经验和实例编著成《景观设计中的垂直交通——阶、坡、梯》一书，供园林工作者参阅。这是一本不可多得的设计参考书，深信该书的出版一定会获得广大读者的欢迎。

胡运骅

原上海市园林局局长

2017年5月26日

序 二

　　本书作者章怡维先生是我跨入园林规划设计行业的启蒙老师之一，更是一位长期在园林行业从事规划设计的资深设计师，经验丰富，功底厚实，作者通过自己的切身体会，阐述了有关园林建筑、园林小品的一些基本概念、基础要领、基本构造。

　　本书在体例的编选上，打破逻辑顺序，将理论诠释、示范配图、案例心得等内容融为一体，读者可随意翻看，轻松阅读。本书涵盖内容丰富、行文繁简得当、风格雅俗互赏，对年轻设计师一定会有特别的亲和力。

　　由于本书不是园林建筑方面的教科书，读者不会遇到一本正经的"说教"，作者只是把自己的感悟客观地描绘出来，平等交流，读者完全可以结合自身的经验去印证和评判。

　　诸上理由，这本书对从事园林景观设计行业的设计师，尤其是年轻设计师准确理解、把握、认识园林建筑、园林小品不无裨益。

　　这样的书，朴素实在，不会误人子弟，所以我乐意为之作序。

朱祥明

上海市园林设计研究总院有限公司董事长

教授级高级工程师

2017年9月

目 录

CONTENTS

Chapter 01

第❶章 | 绪言 ·················001

1.1 自然的地貌 ·············001
1.2 阶梯的概说 ·············001
  1.2.1 特征 ················001
  1.2.2 台阶 ················003
  1.2.3 楼梯 ················003
  1.2.4 坡道 ················003
  1.2.5 栈道 ················003
  1.2.6 滑道 ················004
1.3 迥异的空间 ·············004
  1.3.1 台阶的景观特点 ········004
  1.3.2 楼梯的景观特点 ········005
  1.3.3 坡道的景观特点 ········006
1.4 适用的范围 ·············007
  1.4.1 坡度 ················007
  1.4.2 生态 ················007
  1.4.3 区别 ················008
1.5 设计的要点 ·············009
  1.5.1 立意 ················009
  1.5.2 总体 ················009
  1.5.3 地形 ················009
  1.5.4 目的 ················010
  1.5.5 造景 ················010
  1.5.6 融入 ················011

Chapter 02

第❷章 | 象征与遐想 ·········012

2.1 象征性含义 ·············012
  2.1.1 近天亲地 ···········012
  2.1.2 级数寓意 ···········013
  2.1.3 文艺比喻 ···········014
  2.1.4 权力象征 ···········014
2.2 城市的面貌 ·············015
  2.2.1 市容市貌 ···········015
  2.2.2 景观亮点 ···········015
  2.2.3 建筑铺垫 ···········015
  2.2.4 "纸与书" ···········016
2.3 民心所盼 ·············016
  2.3.1 生活之友 ···········016
  2.3.2 众望所归 ···········017
2.4 阶梯之最 ·············018
2.5 历史的痕迹 ·············019
  2.5.1 我国传统 ···········019
  2.5.2 其他地区 ···········019
2.6 大师的评论 ·············020

Chapter 03

第❸章 | 规范之理解 ·············021

3.1 级数 ···············021
 3.1.1 已有阶梯 ·············021
 3.1.2 不大于18级 ·············022
 3.1.3 不小于两级 ·············023
 3.1.4 三五成群 ·············024
3.2 宽度 ···············025
 3.2.1 交通 ·············025
 3.2.2 景观 ·············026
 3.2.3 常用宽度 ·············026
3.3 坡度 ···············027
 3.3.1 计算公式 ·············027
 3.3.2 参考数据 ·············027
 3.3.3 段间变坡 ·············028
3.4 踏面（级宽b）·············029
 3.4.1 一般宽度 ·············029
 3.4.2 最小宽度 ·············029
 3.4.3 表面要求 ·············030
3.5 踢面（步高h）·············030
 3.5.1 一般级高 ·············030
 3.5.2 段间级差 ·············030
 3.5.3 段内级差 ·············030
 3.5.4 尾数调整 ·············031
3.6 平台 ···············031
 3.6.1 位置与作用 ·············031
 3.6.2 步行模数 ·············031
 3.6.3 常见尺寸 ·············031
3.7 栏杆 ···············032
 3.7.1 规范要求 ·············032
 3.7.2 景观建筑 ·············033
 3.7.3 景观绿地 ·············034
 3.7.4 中部栏杆 ·············034
3.8 坡道 ···············035

 3.8.1 最大坡度与最小宽度 ···035
 3.8.2 高度与长度关系 ·············035
3.9 滑道 ···············037
3.10 安全 ···············037
 3.10.1 规划 ·············037
 3.10.2 稳定 ·············038
 3.10.3 避免踏空 ·············038
 3.10.4 坡面 ·············039
 3.10.5 斜面 ·············039
 3.10.6 入水 ·············039
 3.10.7 管理 ·············039

Chapter 04

第❹章 | 常见的位置 ·············041

4.1 径中台阶（坡道）·············041
 4.1.1 路中阶 ·············041
 4.1.2 阶配坡 ·············041
 4.1.3 桥栈阶 ·············042
 4.1.4 汀型阶 ·············043
 4.1.5 健步阶 ·············043
4.2 路侧台阶（坡道）·············043
 4.2.1 路侧全长台阶 ·············043
 4.2.2 路侧花坛台阶 ·············044
 4.2.3 车行道位置 ·············045
4.3 景观小品入口台阶（坡道）·····045
4.4 多层和高层建筑入口坡道 ······047
 4.4.1 多、高层住宅（坡道）···047
 4.4.2 阶坡的配合 ·············047
 4.4.3 坡道伸至檐下 ·············048
 4.4.4 公共建筑入口广场 ·············048
 4.4.5 以缓坡代阶 ·············049
4.5 存在的问题 ·············050
 4.5.1 行程流畅 ·············050
 4.5.2 统一规划 ·············050

4.5.3　注意细节 ……………051

4.6　阶坡型广场 ……………051

　　4.6.1　纪念性广场 ……………051

　　4.6.2　景观性坡阶 ……………053

　　4.6.3　交通性阶坡 ……………054

Chapter 05

第❺章｜阶面有变化 ……………056

5.1　变形台阶 ……………056

　　5.1.1　形式 ……………056

　　5.1.2　传统 ……………057

　　5.1.3　变化 ……………057

5.2　变坡台阶 ……………058

　　5.2.1　变坡台阶 ……………058

　　5.2.2　段间异坡 ……………058

　　5.2.3　曲线造型 ……………059

　　5.2.4　螺旋阶梯 ……………059

　　5.2.5　斜面变坡 ……………060

5.3　乱形台阶 ……………060

　　5.3.1　无序变坡 ……………060

　　5.3.2　乱石砌筑 ……………061

5.4　错位台阶 ……………061

　　5.4.1　平面错开 ……………061

　　5.4.2　错位实例 ……………062

　　5.4.3　错位类型 ……………062

　　5.4.4　错位特例 ……………062

　　5.4.5　小型阶梯 ……………062

5.5　错步台阶 ……………063

　　5.5.1　交错变化 ……………063

　　5.5.2　台地挡墙 ……………064

　　5.5.3　建筑入口 ……………065

　　5.5.4　园博实例 ……………065

　　5.5.5　景观广场 ……………065

5.6　斜形台阶 ……………066

5.6.1　构成 ……………066

5.6.2　斜阶 ……………066

5.6.3　注意事项 ……………067

5.6.4　斜形平面 ……………067

5.7　踏步坡道 ……………068

　　5.7.1　坡阶 ……………068

　　5.7.2　路径 ……………069

　　5.7.3　做法 ……………069

　　5.7.4　设计 ……………070

5.8　阶梯色彩 ……………070

　　5.8.1　标新立异 ……………070

　　5.8.2　色彩形成 ……………071

　　5.8.3　色彩功能 ……………071

　　5.8.4　设计要求 ……………072

　　5.8.5　位置示例 ……………072

Chapter 06

第❻章｜造景元素多 ……………074

6.1　阶中的植物 ……………074

　　6.1.1　板面留白 ……………074

　　6.1.2　阶中植树 ……………075

　　6.1.3　阶内地面 ……………076

6.2　阶外的绿化 ……………077

　　6.2.1　侵入阶面 ……………077

　　6.2.2　形成甬道 ……………078

　　6.2.3　摆设盆栽 ……………078

　　6.2.4　组织空间 ……………078

　　6.2.5　内外"勾结" ……………078

6.3　凳、径、台、灯、雕 ……………079

　　6.3.1　台 ……………079

　　6.3.2　凳 ……………079

　　6.3.3　道 ……………080

　　6.3.4　具 ……………080

　　6.3.5　雕 ……………080

6.4 阶梯的装饰 ┄┄┄┄┄┄ 081
    6.4.1 阶梯入口 ┄┄┄┄┄┄ 081
    6.4.2 阶梯中间 ┄┄┄┄┄┄ 082
    6.4.3 梯脚装饰 ┄┄┄┄┄┄ 084
    6.4.4 阶梯上空 ┄┄┄┄┄┄ 084
6.5 顽石的点缀 ┄┄┄┄┄┄ 085
    6.5.1 点布 ┄┄┄┄┄┄ 085
    6.5.2 开山 ┄┄┄┄┄┄ 085
    6.5.3 标志 ┄┄┄┄┄┄ 085
6.6 流水的缠绕 ┄┄┄┄┄┄ 086
    6.6.1 传统流水 ┄┄┄┄┄┄ 086
    6.6.2 面形流水 ┄┄┄┄┄┄ 086
    6.6.3 线状流水 ┄┄┄┄┄┄ 086
    6.6.4 川流实例 ┄┄┄┄┄┄ 087
    6.6.5 水池构造 ┄┄┄┄┄┄ 087

Chapter 07

第7章｜选适宜材料 ┄┄┄┄┄┄ 089

7.1 自然阶 ┄┄┄┄┄┄ 089
    7.1.1 成形 ┄┄┄┄┄┄ 089
    7.1.2 凹凸 ┄┄┄┄┄┄ 089
    7.1.3 镶嵌 ┄┄┄┄┄┄ 090
    7.1.4 草坡 ┄┄┄┄┄┄ 090
    7.1.5 交织 ┄┄┄┄┄┄ 090
7.2 木阶梯 ┄┄┄┄┄┄ 091
    7.2.1 原木扶梯 ┄┄┄┄┄┄ 091
    7.2.2 活动扶梯 ┄┄┄┄┄┄ 091
    7.2.3 加固土阶 ┄┄┄┄┄┄ 091
    7.2.4 木枋阶梯 ┄┄┄┄┄┄ 092
    7.2.5 木板阶梯 ┄┄┄┄┄┄ 093
    7.2.6 仿木之阶 ┄┄┄┄┄┄ 093
    7.2.7 各种木梯 ┄┄┄┄┄┄ 093

7.3 石阶梯 ┄┄┄┄┄┄ 094
    7.3.1 凿石为阶 ┄┄┄┄┄┄ 094
    7.3.2 乱石随形 ┄┄┄┄┄┄ 095
    7.3.3 板料石阶 ┄┄┄┄┄┄ 095
    7.3.4 块料石阶 ┄┄┄┄┄┄ 096
    7.3.5 条石台阶 ┄┄┄┄┄┄ 097
    7.3.6 踢面石料 ┄┄┄┄┄┄ 098
    7.3.7 其他组合 ┄┄┄┄┄┄ 099
    7.3.8 传统石作 ┄┄┄┄┄┄ 100
7.4 钢阶梯 ┄┄┄┄┄┄ 100
    7.4.1 钢阶梯 ┄┄┄┄┄┄ 100
    7.4.2 钢板网 ┄┄┄┄┄┄ 101
    7.4.3 网笼格 ┄┄┄┄┄┄ 101
    7.4.4 金属板 ┄┄┄┄┄┄ 102
7.5 混凝土阶梯 ┄┄┄┄┄┄ 103
    7.5.1 基础 ┄┄┄┄┄┄ 103
    7.5.2 构造 ┄┄┄┄┄┄ 103
    7.5.3 面材 ┄┄┄┄┄┄ 103
7.6 砖阶梯 ┄┄┄┄┄┄ 104
    7.6.1 传统 ┄┄┄┄┄┄ 104
    7.6.2 砌筑 ┄┄┄┄┄┄ 105
    7.6.3 砖型 ┄┄┄┄┄┄ 105
7.7 玻璃阶梯 ┄┄┄┄┄┄ 106
    7.7.1 玻璃应用 ┄┄┄┄┄┄ 106
    7.7.2 装饰围护 ┄┄┄┄┄┄ 106
    7.7.3 玻璃阶梯 ┄┄┄┄┄┄ 106
    7.7.4 防滑 ┄┄┄┄┄┄ 107
    7.7.5 固定 ┄┄┄┄┄┄ 107
7.8 新材质 ┄┄┄┄┄┄ 108
    7.8.1 合成材料 ┄┄┄┄┄┄ 108
    7.8.2 健身娱乐 ┄┄┄┄┄┄ 108
    7.8.3 生态能源 ┄┄┄┄┄┄ 108
    7.8.4 特殊材料 ┄┄┄┄┄┄ 108

Chapter 08

第8章 阶梯的形体 ············· 109

8.1 台阶块体 ················ 109
　　8.1.1 块体 ··············· 109
　　8.1.2 分析 ··············· 109
　　8.1.3 效果 ··············· 110
　　8.1.4 配合 ··············· 111
　　8.1.5 立体 ··············· 111
8.2 阶梯正面 ················ 111
　　8.2.1 警示 ··············· 111
　　8.2.2 镂空 ··············· 112
　　8.2.3 装饰 ··············· 112
8.3 阶梯侧面 ················ 113
　　8.3.1 墙体 ··············· 113
　　8.3.2 弯转 ··············· 113
　　8.3.3 艺化 ··············· 114
　　8.3.4 栏杆 ··············· 114
8.4 阶梯断面 ················ 115
　　8.4.1 踏面连接踢面 ····· 115
　　8.4.2 踏面离开踢面 ····· 116
　　8.4.3 断面交界线 ········ 117
　　8.4.4 断面悬挑长 ········ 119
　　8.4.5 断面交接点 ········ 119
　　8.4.6 断面排水坡 ········ 119
　　8.4.7 踏面标高 ·········· 120
8.5 台阶边缘 ················ 120
　　8.5.1 绿化 ··············· 120
　　8.5.2 三角面 ············· 120
　　8.5.3 接地 ··············· 121
　　8.5.4 渐变 ··············· 121
　　8.5.5 缘石 ··············· 121
　　8.5.6 交叉 ··············· 122
　　8.5.7 弯角 ··············· 122
　　8.5.8 悬空 ··············· 123

　　8.5.9 小品 ··············· 123
　　8.5.10 封闭 ·············· 123
8.6 阶梯平面（坡道）······ 124
　　8.6.1 阶梯中段 ·········· 124
　　8.6.2 阶梯端末 ·········· 124
　　8.6.3 梯脚装饰 ·········· 125
　　8.6.4 阶坡转折 ·········· 125
　　8.6.5 阶坡平台 ·········· 126
8.7 楼梯造型 ················ 128
　　8.7.1 基本造型 ·········· 128
　　8.7.2 变异造型 ·········· 129
　　8.7.3 结合实际 ·········· 129
8.8 坡道的体形 ············· 129
　　8.8.1 坡道构造 ·········· 129
　　8.8.2 之字路径 ·········· 130
　　8.8.3 独立景观 ·········· 130
　　8.8.4 表层纹理 ·········· 131

Chapter 09

第9章 空间及视线 ············· 132

9.1 阶坡空间 ················ 132
　　9.1.1 绿丛之中 ·········· 132
　　9.1.2 与天对话 ·········· 133
　　9.1.3 "一线天" ·········· 133
9.2 景观导向 ················ 134
　　9.2.1 明暗色彩 ·········· 134
　　9.2.2 明指暗喻 ·········· 135
　　9.2.3 对景框景 ·········· 135
9.3 透视错觉 ················ 136
　　9.3.1 经典神殿 ·········· 136
　　9.3.2 微差错觉 ·········· 136
　　9.3.3 平面线形 ·········· 136

9.4 仰俯之间 ……………… 138
　9.4.1 俯仰视觉 …………… 138
　9.4.2 缓陡感受 …………… 139
　9.4.3 封透差异 …………… 139
9.5 光影效果 ……………… 140
　9.5.1 阴阳 ……………… 140
　9.5.2 虚实 ……………… 140
　9.5.3 天梯 ……………… 141
9.6 上天入地 ……………… 142
　9.6.1 下沉 ……………… 142
　9.6.2 隐喻 ……………… 142
　9.6.3 遥望 ……………… 143
9.7 本章小结 ……………… 143

Chapter 10

第❿章 │ 相互巧配合 ……………… **145**

10.1 阶、坡的交错 …………… 145
10.2 阶、坡前后接替 ………… 145
　10.2.1 前后布置 …………… 145
　10.2.2 第五立面 …………… 146
10.3 阶、坡同地配合 ………… 146
　10.3.1 同一部位 …………… 146
　10.3.2 主次有序 …………… 147
　10.3.3 平行排列 …………… 147
　10.3.4 斜角排列 …………… 148
　10.3.5 直角排列 …………… 148
　10.3.6 长坡短阶 …………… 149
　10.3.7 长阶短坡 …………… 149
　10.3.8 阶坡一体 …………… 150
10.4 阶、坡轴线斜交 ………… 150
　10.4.1 阶、坡轴线斜交——
　　　　 单边 ……………… 151

10.4.2 阶、坡轴线斜交——
　　　　 双边 ……………… 155
10.5 阶、坡平行直交 ………… 158
　10.5.1 走向平行 …………… 158
　10.5.2 走向垂直 …………… 159
　10.5.3 弯道变坡 …………… 159
　10.5.4 无序变坡 …………… 159
10.6 阶、坡配合实例 ………… 160
10.7 阶、坡配合设计 ………… 160
　10.7.1 阶坡斜度的变化 …… 160
　10.7.2 阶坡交角的变化 …… 161
　10.7.3 阶坡标高的配合 …… 161
　10.7.4 阶坡配合的制图 …… 161
　10.7.5 阶坡配合的瑕疵 …… 162
10.8 其他形式的相交 ………… 162
　10.8.1 特殊目的 …………… 162
　10.8.2 娱乐与交通 ………… 162
　10.8.3 其他形式 …………… 163
　10.8.4 临时使用 …………… 164

Chapter 11

第⓫章 │ 节点详设计 ……………… **165**

11.1 阶梯表层排水 …………… 165
　11.1.1 平台设沟 …………… 165
　11.1.2 两端汇水 …………… 165
　11.1.3 微弧平面 …………… 167
　11.1.4 踏面排水 …………… 167
　11.1.5 建筑防水 …………… 168
　11.1.6 设计合作 …………… 168
11.2 阶梯照明 ……………… 169
　11.2.1 位置 ……………… 169
　11.2.2 要求 ……………… 170

11.2.3 导向 ································ 170

11.2.4 夜景 ································ 170

11.3 地毯压辊 ······························ 171

11.4 无障碍设计 ························· 172

11.5 阶梯的栏杆 ························· 173

11.5.1 自然隔离 ····················· 173

11.5.2 阶梯扶手 ····················· 173

11.5.3 宽阶中栏 ····················· 174

11.5.4 实砌栏杆 ····················· 176

11.5.5 管线栏杆 ····················· 177

11.5.6 酒瓶栏杆 ····················· 178

11.5.7 金属栏杆 ····················· 179

11.5.8 玻璃栏杆 ····················· 179

Chapter 12

第**12**章 阶梯的防滑 ············· 181

12.1 防滑重要性 ························· 181

12.2 面层的防滑 ························· 181

12.3 防滑条使用 ························· 182

12.3.1 作用 ································ 182

12.3.2 选择 ································ 183

12.3.3 布置 ································ 184

12.4 防滑条种类 ························· 185

12.4.1 石材类 ·························· 185

12.4.2 铺地砖 ·························· 186

12.4.3 粉刷类 ·························· 186

12.4.4 合成树脂定型制品 ···· 187

12.4.5 金属类定型制品 ········ 187

12.5 坡道的防滑 ························· 188

12.5.1 传统斜坡 ····················· 188

12.5.2 重视纹理 ····················· 188

12.5.3 设计线型 ····················· 189

12.5.4 协调排水 ····················· 189

12.5.5 选择材料 ····················· 189

12.5.6 前后提示 ····················· 190

12.5.7 礓磋做法 ····················· 190

12.6 存在隐患 ···························· 190

Chapter 13

第**13**章 规划之延伸 ············· 192

13.1 亲水阶梯 ···························· 192

13.1.1 入水阶坡 ····················· 192

13.1.2 "动"水阶 ·················· 193

13.1.3 "静"水阶 ·················· 193

13.2 台地面貌 ···························· 194

13.2.1 梯田景观 ····················· 194

13.2.2 层叠景观 ····················· 194

13.2.3 挡墙美化 ····················· 195

13.3 层变雕塑 ···························· 196

13.3.1 烘托 ································ 196

13.3.2 雕塑 ································ 196

13.4 特殊坡道 ···························· 197

13.4.1 景观坡道 ····················· 197

13.4.2 娱乐坡道 ····················· 197

13.4.3 安全坡道 ····················· 198

附录A 台阶实例 ···················· 200

A1 泰山、天门山的台阶 ············ 200

A2 南京中山陵 ·························· 201

A3 莫比乌斯环状阶梯 ··············· 202

A4 古根海姆美术馆 ·················· 202

A5 悉尼歌剧院 ························· 203

附录B 传统石阶 ····················· **205**

B1 建筑的台口 ····················· 205
B2 台阶的式样 ····················· 206
    B2.1 垂带踏跺 ····················· 206
    B2.2 如意踏跺 ····················· 206
    B2.3 左右阶踏跺 ··················· 206
B3 台阶的高阔 ····················· 206
    B3.1 厅堂正间前的阶沿
           通常与正间面同宽 ······· 206
    B3.2 台阶级数随着台基的
           高度而递增 ··········· 207
B4 踏步的制式 ····················· 207
B5 古为今用 ······················· 207

附录C 水乡台阶 ····················· **210**

C1 水乡风情 ······················· 210
C2 位置类型 ······················· 211
    C2.1 内收 ····················· 211
    C2.2 外突 ····················· 211
    C2.3 交错 ····················· 211
    C2.4 转弯 ····················· 211
    C2.5 建筑 ····················· 212
C3 石阶平面 ······················· 212

    C3.1 单跑 ····················· 212
    C3.2 双跑 ····················· 212
    C3.3 平台 ····················· 213
C4 高差 ··························· 213
C5 石阶做法 ······················· 213
C6 船埠 ··························· 214

附录D 参考资料 ····················· **216**

D1 相关规范和图集 ················· 216
D2 适宜的坡度 ····················· 216
D3 阶梯的坡度 ····················· 217
D4 阶梯的宽度 ····················· 218
D5 轮椅坡道的宽度（净宽）········· 218
D6 坡度与角度 ····················· 218
D7 阶梯与基土 ····················· 220
D8 钢筋混凝土台阶粉刷装饰参考
      做法 ··························· 221

参考文献 ····················· **223**

致　　谢 ····················· **224**

Chapter 01

第❶章

绪言

1.1　自然的地貌

　　自然界存在和人工堆叠的各种地形，如海滩、沙漠、山坡、丘陵，多是各种斜度坡面和坡面组成的锥体，但层变的较少，如暴露的片岩体（图1-1-1）。这些地貌，以设计角度说是天然的、优美的。

图1-1-1　自然和人工造就各种地形地貌

　　为了在斜面上的使用，人类开发了各类场地与设备，包含梯田、台地、台阶、楼梯，与电梯、自动扶梯（水平、斜坡、螺旋）、缆车（空中爬坡）。垂直交通，是三维、立体景观不可或缺的重要元素。本文以景观台阶、坡道为主，兼涉园林建筑阶梯，以对照、拓展读者思路。

1.2　阶梯的概说

1.2.1　特征

　　（1）台阶、楼梯与坡道、栈道，共同点是联系不同标高空间和场地；不同之处在台阶与楼梯以踏步渐变的方式连接，坡道与滑道以倾斜平面的方式连接，栈道两种方式都有（图1-2-1）。电梯则是以机械垂直升降的方式连接，自动扶梯以机械倾斜或水平运动的方式连接。当然它们也因为相互延伸，有时要严格界定颇需费心。

　　（2）台阶与楼梯的特点在渐进、适宜行人，坡道的优势在易行、通车、节约，电梯速度快、少占地、

图1-2-1 石级、攀爬、坡道、楼梯各有所用

多耗能，自动扶梯则少耗人力、多耗电能。

（3）滑动（道）和攀爬（绳）是占地最少、移动速度最快的运动方式，也延伸出各种运动。因此"滑竿"就成了救火会（消防站）的特征之一，"爬绳"成为临时交通的最佳选择，如森林公园中的儿童玩具，电影《最长的一天》中士兵由舰至艇的镜头。

（4）一般阶梯坡是固定的，移动的是使用者。电梯、自动扶梯、景观、残疾人或舞台升降平台以至开启式桥梁是局部限制性的移动，临时扶梯、舷梯则是自由的。不要小看移动的扶梯，它往往是不可替代的，如上轮船、登飞机。阶梯移动常代表特异的功能，有时代表着先进的工艺。

（5）不论何种运动方式，一是处于绿丛之中，空间改变了，要求也二样。如果能以自然手段解决空间的距离和高差，则是景观的最优选择（图1-2-2～图1-2-8）。

图1-2-2 攀爬

图1-2-3 滑动

图1-2-4 竹扶梯

图1-2-5 浮台梯

图1-2-6 船舷梯

图1-2-7 绿地中自动扶梯

图1-2-8 以自然的手段

1.2.2　台阶

台阶泛指联系不同标高的场地，主要在室外或室内外之间，因此台阶常是落地的^{（图1-2-9）}。当基土不良、离地较高或需保护原生态时，这时台阶宜悬空，如绿地的栈道、大型建筑的台阶。室内地下室则落地、架空两者都有，架空时可利用部分阶下空间。对于现代出现的台阶规模化阵容的景观，本书借鉴树阵、旗阵这样的称呼，以阶"阵"来表示。

1.2.3　楼梯

楼梯系指联系不同标高的建筑层次，室内为主，内外都有，经常是架空的^{（图1-2-10）}。一般楼梯多为钢筋混凝土或钢结构，室外爬梯、备用梯等特殊用途美观楼梯多用钢，小型、家庭楼梯可见木构。正因如此，楼梯款式极多，从交通枢纽到景观、建筑点睛之处，梁、板、挑、吊，无所不包。楼梯其本身的功能和多彩造型，容易成为室内空间的亮点。

攀爬是楼梯的特殊情况，一是坡度大，二是空间广。除了临时、运动用，常用来表现特殊情境，如犹太博物馆墙上爬梯通向幽深、未知天空，意在隐喻^{（图1-2-11）}。

图1-2-9 台阶联系不同标高的场地（静安公园）　图1-2-10 联系不同标高的建筑层次（世博园　图1-2-11 犹太博物馆爬梯
西安馆）

1.2.4　坡道

室内外、架空落地皆有，但使用不同，坡度迥异。坡道游览的特点是无级升降，因之易行、经济^{（图1-2-12）}。如果以落地阶坡比较，面层相同之坡约为阶造价的一半。美国建筑师西蒙兹认为，能用坡道时少用台阶，在高差不大时甚有道理。

滑板运动的设计，是在坡道上把滚动的最大可能性发挥出来。

图1-2-12 坡道无级升降，易行、经济（以色列）

1.2.5　栈道

栈道又称阁道、复道。原指沿悬崖峭壁、楼宇之间修建的架空通道，包含坡、阶、梯、台多种方式。当今景观设计中，往往把架空的路延伸称栈道，最常见的为木栈道^{（图1-2-13）}。本书栈道分散在阶梯各章中，并未专列一节。

1.2.6 滑道

滑道与坡道两者的共同之处在于无级升降，相异之处在于运动方式：行动、滚动与滑动。两者比较，最大不同一是变坡，二是表层。

滑道有完全开敞，也有像隧道般封闭，整体呈螺旋、波浪和曲线等形状，非常飘逸。而阶梯、坡道在同一段内的变化较少。

滑道的运动方式是滑动，因此表层要光滑，而坡道表层正好相反，无论人车使用都要注意"防滑"（图1-2-14）。

图1-2-13 架空的径、路、平台延伸称栈道（野柳）　　图1-2-14 滑道的运动方式不同于坡道

1.3 迥异的空间

1.3.1 台阶的景观特点

1. 空间

台阶的空间开阔、广袤、无垠，常常是"极目楚天舒"（图1-3-1）。台阶能带人接近、深入自然。

2. 体形

台阶强调因地而宜，地形、地貌、选材，以至于奇妙的构思，都是成景的元素（图1-3-2）。因此台阶是灵活、自由、不拘一格的。

图1-3-1 台阶的空间开阔、广袤、无垠

3. 用地

一般情况下，台阶的用地是单层的，处于不同的部位。景观要求台阶跌宕起伏，但不走回头路，台阶本身也是景（图1-3-3）。

4. 构成

丰富的景观元素，弥补了台阶相对简洁的结构形式（图1-3-4）。台阶的体面和装饰有亲近天然的多样性。

5. 环境

台阶多沐浴于优美的自然环境之中，让人富有季节感（图1-3-5）。往上踏苔迹阶痕，有期待感；往下一

图1-3-3 跌宕起伏曲折，但不走回头路

图1-3-2 台阶因地形、地貌、选材而异（日本）　　图1-3-4 台阶有丰富的景观元素　　图1-3-5 台阶沐浴于乡愁之中

览众山小，有遥想感。

6. 风情

台阶是大地之经脉，承载了很多历史记录，饱经沧桑。台阶充满人为的影射暗喻，以至诗情画意，让人浮想联翩（图1-3-6）。

当然，在某些特殊情况下，室外也会成为节制因素。例如法国郎峰詹森天文台位于喜马拉雅山峰顶，气温奇冷无比，攀登一段台阶成了关隘考验（图1-3-7）。在某些特殊情况下，结构也会成为节制因素，如在松懈的基土上造台阶。

1.3.2　楼梯的景观特点

1. 空间

楼梯处于建筑层间，受梯井限制。多数以室内为主，即使透过观赏窗，所处空间和视野仍然有限，因此有观光电梯的出现（图1-3-8）。

图1-3-6 上海外滩的"情人墙"

图1-3-7 法国郎峰詹森天文台台阶

图1-3-8 空间和视野是有限的

2. 体形

楼梯的体形与结构密切相关（图1-3-9）。在园林建筑和小品中，结构是一种景观手段，能产生出类拔萃的造型。

3. 用地

楼梯用地特点是立体化，减少占地面积。上下楼梯在同一个地方，并不避讳，只有"便捷"（图1-3-10）。

4. 构成

表现在平、立、剖面和装饰是相对规则、每层重复的。景观的变化，多在末端和转折处（图1-3-11）。

图1-3-9 结构造型是一种优势　　　　　图1-3-10 上下楼梯在同　图1-3-11 景观的变化多在末端或转折处
　　　　　　　　　　　　　　　　　　一个地方，并不避讳

5. 环境

楼梯的环境通常是人为景观。园林楼梯要创造接触自然的条件和流畅的空间（图1-3-12）。

6. 风情

楼梯的联想，表现在建筑工业化、装修现代化、交通安全便捷上，是直接的、具体的（图1-3-13）。

1.3.3　坡道的景观特点

在坡道、栈道景观中，有的用于通行，有的用于引导参观，有的作为小品建筑的造型。其景观特点介于阶、梯之间（图1-3-14~图1-3-16）。

图1-3-12 创造条件接　图1-3-13 现代化的景观　　　图1-3-14 坡（栈）道用于通行
触自然，空间流畅

坡道与滑道的无阶变坡让它的空间形式、材料语言更简洁。一是顺序渐进，不受踏步限制，产生台阶、楼梯不易得到的线形；二是坡道的生动之处，在于与阶梯的纠缠、交叉。滑道的生动之处在于变坡（图1-3-17）。

图1-3-15 坡道用于引导参观（美国）　　图1-3-16 特立独行的坡　图1-3-17 波形的小品建筑

1.4　适用的范围

1.4.1　坡度

从平缓到陡峭，不同的坡度有不同的适用范围（图1-4-1）。一般是小于10°设坡道，10°~23°设台阶，23°~38°设楼梯，大于38°设蹬道爬梯。残疾人坡道坡度一般在1：12（即8.5%）~1：8（即12.5%）；在室外环境，特别是行人密集的情况，坡度更应该缓至1：20（即5%）。有的资料认为0°~20°设坡，20°~45°设梯，45°~90°设爬梯。景观设计应按绿地要求，纵坡大于18%设台阶。

以上坡度说明的是坡、阶、梯的适宜范围，并不单是使用性质区别，而且数据是相互交叉和配合的。从景观设计的情况看，园林建筑的阶梯一般在此范围内，园林绿地的台阶则因地制宜和创造意境较多，有时陡峭，有时平缓（图1-4-2）。

作为园林绿地规范，要求主要道路纵坡0.2%~8%，次要道路纵坡0.2%~18%，大于18%设计为台阶坡道。

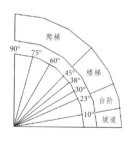 

图1-4-1 坡度适用的范围　　　　图1-4-2 波兰画家笔下的台阶

1.4.2　生态

作为绿地中的通道，设计者除要考虑不影响环境生态，更要适应各种动物爬、攀、跳、飞等活动要求，如猫之跳梯、水阶鸟浴、龟登坡岸（图1-4-3）。

古代欧洲，要求骑士应驾驭坐骑至府邸门前。上海虹口"1933"历史建筑，要让待屠动物沿坡走运至案前（图1-4-4）。而若要马走"之"字路，人驾驭起来会很困难（图1-4-5）。

图1-4-3 要适应各种动物爬、攀、跳、飞等活动要求

图1-4-4 虹口屠宰场通道（上海）　　　图1-4-5 马走"之"字路（越南）　图1-4-6 环池阶梯升二楼（北京）

1.4.3　区别

　　阶、梯容易混淆之处在地面至一层，因为此层室内外都有，也是架空和落地的交界点。不同标高的场地，也包含不同的空间层次。这时阶多室外，梯多室内；阶多落地，梯多架空。室内落地的常称阶；室外架空的，在景观设计中一般称之为栈最贴切了（图1-4-6、图1-4-7）。这和习惯也有关。例如从码头上船，架空的称舷梯，而落地的则是台阶（图1-4-8、图1-4-9）。当然有的时候要完全区别梯、阶、坡，甚至判断其上下的方向，也不容易（图1-4-10）。

图1-4-7 蒙特利尔圣约瑟教堂　　　　图1-4-8 舷梯（韩国）

图1-4-9 何为梯？何为阶？

图1-4-10 习惯上称台阶（巴黎）　　　图1-4-11 如何判断它的上下？

1.5 设计的要点

1.5.1 立意

不要把本书的内容视为普通的"踏步"、"斜坡"和"货栈"。要理解在景观设计中,踏步、斜坡仅是一种手段,它意味着大地和景物的起伏,要体现一种意境,意在笔先。即使一座亭子、几级台阶也须仔细斟酌(图1-5-1、图1-5-2)。

1.5.2 总体

无论是园林、建筑还是小品中的阶梯、坡道都是总体风格构成的一部分(图1-5-3)。某地质博物馆阶、墙、建,室内外统一考虑,末入门台阶已有"地质"的提示(图1-5-4)。当然,阶梯、坡道本身各部分必须是配合的(图1-5-5)。

图1-5-1 平地整型石阶

图1-5-2 山地景石基座

图1-5-3 体现新颖效果

图1-5-4 室内外阶、墙、建统一协调

图1-5-5 不匹配的台阶

图1-5-6 涉水濒溪,阶接汀

图1-5-7 爬山越岭,坡接阶

1.5.3 地形

依据所在地形、地貌,并没有特定的形式。例如傍水贴地设寻芳汀阶,依山攀岩凿穴为步,因地制宜,陡、缓、平各有情调与趣味。这是台阶地处自然环境的特点(图1-5-6、图1-5-7)。

1.5.4　目的

设置阶梯的主要目的在于运行。例如干道台阶比肩接踵，要平缓防践踏，而作为建筑的阶梯，则要求构造宏伟的透视效果（图1-5-8~图1-5-10）。更多见的是几种运动方式的交替配合，产生另一种更深层次的情趣（图1-5-11）。

图1-5-8　公园绿地

图1-5-9　邻家小院

图1-5-10　城市广场

图1-5-11　莫高窟道坡交替

图1-5-12　区分不同功能的铺装

图1-5-13　强调铺装的连续性

当然阶、坡、梯、栈、桥还有其他空间上的作用。例如用台阶区分不同功能的铺装，用斜坡强调铺装的连续性（图1-5-12、图1-5-13）。从小节体现总体效果，不落窠臼。

1.5.5　造景

要使阶、梯、坡成为景观的一部分。例如建筑前的阶阵、阶坡的交织，拱桥的变坡，都是以阶、梯、坡为主要元素的景观（图1-5-14~图1-5-16）上海保利大剧院立面留了几个大圆洞，露出的也是台阶（图1-5-17）。

图1-5-14　建筑顶层台阶广场

图1-5-15　台阶和坡道交织

图1-5-16　室外辅助楼梯

1.5.6 融入

深入研究分析阶梯所在环境特点，从选点、选型、选料各方面，使之孕育于自然之中，适合使用但绝不抢景。敦煌鸣沙山木台阶貌似简单，但你也不易想出更好的计谋来。好的设计往往就是这样（图1-5-18、图1-5-19）。

图1-5-17 保利大剧院立面

图1-5-18 敦煌鸣沙山

图1-5-19 沙中木阶梯

Chapter 02

_____

第❷章

象征与遐想

2.1　象征性含义

2.1.1　近天亲地

我国泰山的6000余级台阶，称之为"天梯"(图2-1-1)；无独有偶，张家界天门山天门洞前的999级台阶，也称为"天梯"(图2-1-2)。而重庆的"天坑"则是"之"字形往下，台阶密布如栉，行人渺小如蚁，直至地下666m(图2-1-3)。人们攀登长阶，除了旅游，还有近天亲地、回思历史、瞻仰先贤的意思。

图2-1-1 上泰山要登6000多级天梯　　　　　图2-1-2 张家界洞口　　　　　图2-1-3 重庆下沉的"天坑"

　　泰山上有一组石刻群，其中一处为光绪年间泰安县建孙符乾所题"从善如登"，语出《国语·周语下》："从善如登，从恶如崩"，意为：自卑而高，自迩而远，要艰辛地付出(图2-1-4)。柬埔寨吴哥窟有条70°陡峭的台阶，目的也是让人感受到达"天堂"的不易(图2-1-5、图2-1-6)。

　　北京圜丘坛明朝时为三层蓝色琉璃圆坛，清乾隆十四年（1749年）扩建，是举行冬至祭天大典的场所(图2-1-7)。圜丘形圆像天，三层坛制用艾叶青石台面，每层四面出台阶各九级，汉白玉栏板、望柱也都用9或9的倍数，象征"天"数(图2-1-8)。

　　　　　　　　　　　　　　　　　　　　　　　　　　景观设计中的垂直交通——阶、坡、梯

图2-1-4 "从善如登"　　　　　　　　　　　　图2-1-5 吴哥寺庙　　　　　　　图2-1-6 陡峭的台阶

图2-1-7 明朝始建北京圜丘坛　　　　　　　　　　　图2-1-8 台阶用9或9的倍数

2.1.2　级数寓意

台阶的级数，往往是民心意愿的寄托，是一种乡风民俗。平型关大捷纪念馆设于战场决胜桥对面山上，上山的115级台阶，寓意怀念主战的115师（图2-1-9）。侨乡的集美解放纪念碑，基座上下两层，各有8级和3级，象征八年抗战和三年解放战争（图2-1-10）。

在日常生活中，"上一个台阶"意味着高了一个层次（图2-1-11）。

图2-1-9 平型关大捷纪念馆　　　　　图2-1-10 集美解放纪念碑　图2-1-11 上一个台阶

2.1.3 文艺比喻

现代作家李祥森的《台阶》一文，把台阶高低喻为社会阶层的贵贱，对这种习俗的精神含义，作了淋漓尽致的描述。许多画家、摄影师、设计者也以阶梯为对象，作了深入细致的描绘（图2-1-12~图2-1-20）。

图2-1-12 供奉

图2-1-13 彩云

图2-1-14 上天

图2-1-15 祈求

图2-1-16 阻碍

图2-1-17 不通

图2-1-18 引诱

图2-1-19 锁进笼子

图2-1-20 落入陷阱

2.1.4 权力象征

雍容华贵、壁垒森严的宫殿，则把阶梯看作是权力、地位和名誉的象征。这里的台阶不再是平常意义的"踏步"。我国历代皇帝的宝座，总有3~7级台阶。唐代诗人杜甫在《秋日夔州咏怀一百韵》中写道："宫禁经纶密，台阶翊戴全"（图2-1-21）。希腊神庙的基座往往抬高约1.5m，以使人仰视，显示地位之尊严。

当然阶梯也会是财富的象征，只要看看奢华的装修就知道这是什么地方（图2-1-22）。

图2-1-22 奢华的装饰

图2-1-21 宫殿里阶梯是权力、地位和财富的象征

2.2 城市的面貌

2.2.1 市容市貌

法国蓬皮杜展览馆在立面突出了交通体块，成为城市亮点（图2-2-1）。

加拿大蒙特利尔古城的3~4层住房，楼梯多架设在户外，千姿百态，美不胜收：刷了防锈漆的铜梯，熠熠闪光；黝黑的铁梯，镂刻花、鸟、山水、人物；不锈钢楼梯，一尘不染。这些建筑构成了蒙特利尔一道特有的建筑文化风景线（图2-2-2、图2-2-3）。

这些都是从台阶来评论城市的实例。

图2-2-1 法国蓬皮杜展览馆　　　　　　　　　图2-2-2 蒙特利尔古城　图2-2-3 住宅楼梯

2.2.2 景观亮点

坡道、台阶与楼梯使用的位置和形式不同，最直接的目的是沟通、联系不同标高空间和场地，同时垂直枢纽往往使它成为景观设计亮点。上海同济大学教授朱保良认为："楼梯是建筑中的交通枢纽，它是组合建筑功能的竖向交通之魂，建筑空间之睛。"（图2-2-4、图2-2-5）。

图2-2-4 景观设计的　图2-2-5 建筑空间之睛
亮点

2.2.3 建筑铺垫

澳洲悉尼歌剧院入口在建筑群的南端，车辆入口和停车场设在大台阶下面，宽97m的大台阶，堪称世界之最（参见附录A）（图2-2-6）。日本飞鸟博物馆建筑外的阶阵，气势磅礴宏伟，是入室前的铺垫、立面的前景，参见图1-5-14。

我国重庆人民大会堂大台阶，是建筑与广场的桥梁（图2-2-7）。山城的台阶，很容易让人联想到曾经的"棒棒"，勾起乡愁（图2-2-8）。在很多画家手中，台阶就是建筑不可或缺的铺垫（图2-2-9）。

图2-2-6 澳洲悉尼歌剧院大台阶

图2-2-7 重庆人民大会堂前大台阶　　　　　　　图2-2-8 山城的台阶　图2-2-9 画家的手笔

2.2.4 "纸与书"

波斯尼亚首府萨拉热窝的"诗人之阶"，有120级7个平台，人们在平台上诵读诗句，回望美景，为城市景物赋予诗情画意（图2-2-10）。

垂直交通承载着很多象征性含义，它的造型让人浮想联翩，诗情画意随之而来。在景观设计中，有时这种意义甚至大于实用功能，就像书的价值远高于纸一样，符号远重于实体。

图2-2-10 萨拉热窝的"诗人之阶"

2.3　民心所盼

2.3.1　生活之友

台阶在景观中除了承担交通的功能，也是生活、观览、健身的场所。老百姓下台阶去洗衣，上平台依偎眺望，在栏杆上挂满不离不弃的同心锁、祝愿旗；爬梯是一项运动，每年有比赛，武僧则把爬阶作为一种磨炼。坡道、台阶与楼梯本身也成了一道景观（图2-3-1~图2-3-5）。

经常爬梯可减肥，防止心肌疲劳、静脉曲张，提高髋、膝、踝关节灵活性。有人统计经常爬楼梯的人比乘电梯的人心脏病减少1/4，专家推论每爬楼30年可延长生命1年。

图2-3-1 洗衣

图2-3-2 运动

图2-3-3 磨炼

图2-3-4 同心锁

图2-3-5 祝愿旗

图2-3-6 两座木扶梯

2.3.2 众望所归

广西张家湾村几十户人家居住在深山老林之中，依靠两座15m长的木扶梯与外界联系（图2-3-6）。这两座上下交叉，每5年需要维修1次的木扶梯，也是初入村寨第一印象。

山西抱犊村仅有六七户人家，是晋城市唯一未通公路的村庄。这里山势险峻，景色秀美，深为旅游、运动、摄影者青睐。1957、1980年他们在悬崖上凿出一些脚窝、危险处架铁链。又装了卷扬机吊铁笼子高800米重800斤。而今山顶已架电梯，成为旅游胜地（图2-3-7~图2-3-12）。

巴西里约热内卢在台阶上绘上代表人的肖像，叙利亚有名为"和平"的阶梯（图2-3-13），从这些台阶的装饰可见当地人民心中的渴望。

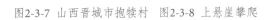

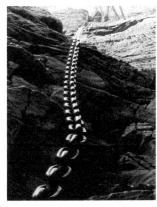

图2-3-7 山西晋城市抱犊村　　图2-3-8 上悬崖攀爬　　图2-3-9 攀登用铁链

图2-3-10 上悬崖 图2-3-11 填挖补齐台阶 图2-3-12 上悬崖顶 图2-3-13 以和平为名的阶，阶上巴西人
天梯   电梯

2.4 阶梯之最

　　世界上最长的台阶和坡道是中国长城，主要功能是防御（图2-4-1）；而贯穿关中平原与汉中盆地山谷
的褒斜道，引出"明修栈道，暗度陈仓"的典故（图2-4-2）。阶梯短者仅有一两个踏步；有时小至空间设
计和迷宫画概念做的盆景，或是一块石头凿的摆件（图2-4-3）。

　　最令人心悸的是美国加利福尼亚约塞米蒂的122m陡直的电缆路阶梯（图2-4-4）。马来西亚印度教圣地
黑风洞，100m长的272级阶梯同样令人畏惧，阶下是小商品市场，一幅繁华胜景（图2-4-5）。

图2-4-1 最长的阶坡是长城　　　　　图2-4-2 贯穿关中与汉中的褒斜道　　　　图2-4-3 极小、最妙的
　　　　　　　　　　　　　　　　　　　　　　　　　　　　　　　　　　　　　　　台阶

图2-4-4 美国加利福尼亚电缆路阶梯　　　图2-4-5 马来西亚黑风洞

2.5 历史的痕迹

2.5.1 我国传统

我国传统建筑的营造法则，对台阶各部分构造有详细说明。江南一带的石阶、石道、石驳，是水乡的重要组成（图2-5-1~图2-5-3）。详见附录C。

台北特有骑楼沿街延绵，鳞次栉比，在微信上的一篇《喜欢台北的理由》文章中，被点赞最多的是骑楼步道。为了人行通顺、老少安全、途中休闲，把人行道的台阶全部改为无障碍坡道，历经15载累月经年整治，至今22万m²骑楼已完成20万m²"阶改坡"（图2-5-4、图2-5-5）。骑楼具有台式韵味、特有的温馨、多彩的视觉享受。

图2-5-1 我国传统建筑的石台阶 　　　　　　　　　　　图2-5-2 水乡的石驳、石桥

图2-5-3 水乡的石阶、　　图2-5-4 台北骑楼的阶改坡　　图2-5-5 台北人行道
石道

2.5.2 其他地区

秘鲁马丘比丘古城建于500年前的印加阶梯，顶端是月亮神庙遗址，虽长180m不易攀登，但至今人流不断（图2-5-6）。公元前1000年意大利北部，已有伊特鲁里亚人凿地为阶的痕迹（图2-5-7）。13世纪英国韦尔斯（Wells）大教堂前台阶，与街道结合至入口，似波涛般飘逸（图2-5-8）。日本室生寺金堂的石阶，古朴拙老如贵族武士之甲胄，故称之为"甲胄坡"（图2-5-9）。

图2-5-6 马丘比丘城阶梯

从欧洲历史上说，自15～16世纪起，楼梯就成为意大利建筑装饰的一部分。很多宗教绘画涉及台阶，暗喻走向天堂（图2-5-10），级差则是仰望上苍适宜的背景（图2-5-11、图2-5-12）。

图2-5-7 伊特鲁里亚人凿阶　　图2-5-8 韦尔斯大教堂台阶　　图2-5-9 深厚的阴影似盔甲　　图2-5-10 走向天堂

图2-5-11 朱庇特神殿完成于公元前509年，供奉着万神之神　　图2-5-12 约旦古庙遗址

2.6　大师的评论

意大利建筑师庞蒂说："不懂得楼梯为假想东西的建筑师，就不是艺术家，也不是建筑的导演家。"出于同样的理由，日本龟田综合医院把太平间放在最高的13层，因为这里有阳光、风景，离天堂最近。

西班牙建筑师布鲁托认为，楼梯作为建筑组成的元素，其意义不仅仅是上下交通。楼梯虽常常处于次要地位，但也承载着象征性意义，与所在空间对话。昔日楼梯是财富的象征，如今偏重于美学与技术，如类型、支撑、结构、用料、宽度、坡度、限高、平台、围栏、扶手、防滑等等设计。

巴黎埃菲尔铁塔建于1889年，距今128年了。在众议纷纭中，它一阶一阶平地而起，见证着法国的迟暮。这座无明确功用的建筑意义何在？法国哲学家罗兰·巴特回答最为贴切："它就是一个空无之碑。"为什么人们蜂拥登高，是因为铁塔激发了人类的想象力，把自己的想象投射到塔上。它成了巴黎的标志，象征着现代性、共同体、科学或者19世纪（图2-6-1~图2-6-3）。

图2-6-1 从埃菲尔铁塔鸟瞰　　图2-6-2 埃菲尔铁塔夜景　　图2-6-3 仰望埃菲尔铁塔

景观设计中的垂直交通——阶、坡、梯

Chapter 03

第❸章
规范之理解

台阶、楼梯与坡道的设计要求，分散在市政、建筑、园林三类规范、导则有关章节中。多数兼具交通和景观功能。

作为景观元素之一，阶梯、坡道往往不"循规蹈矩"，美观的外形、灵活的尺度、因地而异的材料，是景观设计特征，前提是要保证安全使用。美国建筑师约翰·O·西蒙兹认为："对于自然形式及随意的、自然化建筑环境中的台阶并不强调连续性，在阶高、阶宽、形状上求统一，可以在给定的范围内有较大变化。"

3.1 级数

3.1.1 已有阶梯

很多园林可见长台阶没有平台，一跑到底，尤其是自然风景区，如英国著名的"布查德花园"（图3-1-1）。我国的很多庙宇胜地受地形限制，同样如此。

对此不要借古于今，更不能改造历史、推倒重来，应加强宣传、管理、预警。台阶和楼梯的要求，毕竟有所不同。

图3-1-1 英国名园"布查德花园"阶梯

图3-1-2 无锡灵山大佛佛体高79m，莲花瓣高9m，1997年建成

图3-1-3 香港天坛大佛释迦牟尼坐像高26.4m，坐落在大屿山268级石阶上

图3-1-4 太原蒙山大佛释迦牟尼坐像高达200尺

图3-1-5 安徽九华山前直上台阶

我国在山巅所建的13座大佛，有分段设平台的，也有不设的；从效果看，设平台（无锡、香港）具有明显的韵律、节奏感（图3-1-2~图3-1-5），不仅保障安全，而且给参拜者以分流和歇足的空间，应该提倡。

3.1.2 不大于18级

我国民用建筑设计限制楼梯每个梯段不应大于18级，也不应小于3级。英美要求为不大于12级，日本以长度小于3m为标准。作为园林建筑、小品，也要有这个概念。在人流拥挤的地方建议参考英国标准。

对公众开放的绿地台阶，宜根据地形分段设置，即使高度在上述规定之内，也不要一跑到底，须知多一个转折、多一个平台，意味着多一个层次变化（图3-1-6、图3-1-7）。现在景点经常人满为患，加上老龄化趋向，更应注意这个问题。

图3-1-6 依据地形分段或分阶设置

图3-1-7 开放绿地的台阶，分段高控制在1.2~1.5m之内

台阶坡道作为景观的一个地形、一种纹理、一块场地、一种立体元素，会有连续的、超长的特殊情况。例如台湾阿里山的栈道、中台山禅寺庭院的阶梯，很少人行，这时台阶是一个立体元素，可以用于行走但非主交通，作为主要垂直交通时必须坚持分段（图3-1-8~图3-1-11）。

图3-1-8 17级阶（中台山）　　　图3-1-9 一个立体元素　图3-1-10 辅助台　图3-1-11 缺少护栏和分段
　　　　　　　　　　　　　　　　　　　　　　　　　　　阶（阿里山）

3.1.3　不小于两级

孤立的台阶不易被注意，极易踏空，每段需不小于两级，最好大于或等于3级（沿用民用建筑室内台阶不小于两级，楼梯每段不小于3级的要求，英国要求同此）。

室外明亮处两级台阶容易造就宽敞又亲切的平台，3级台阶则有较明显的功能区别，要因地、因情、因人而异。例如同济大学教学楼、瑞士琉森公共建筑大门入口平台提供缓冲、暂停、话别的地方，日本庭园的2级台阶除了区分空间还结合盲道板布置（图3-1-12~图3-1-14）。

图3-1-12 同济大学教学楼宽阔的休息平台　图3-1-13 公共建筑大门入口（瑞士琉森）　图3-1-14 日本某公园入口带盲道板

俄罗斯红场的3级台阶，因地广墙高而纯粹严肃（图3-1-15）。而迪拜某商业街的3级台阶，因临水又放了花坛灯柱，是轻松自由的（图3-1-16）。巴塞罗那奥运会的3级台阶，分两段并加装饰的配合，一个空间两个层次（图3-1-17、图3-1-18）。台中台山的3级台阶，有醒目提示加上照明（图3-1-19）。韩国的三级错步台阶，既

图3-1-15 俄罗斯红场严肃　图3-1-16 休闲加小品　　　图3-1-17 台阶配铺装　　　图3-1-18 三级分二段
的台阶

可行又可坐（图3-1-20）。这些细节，体现了一个建筑师的修炼。

日本和中国香港某地广场设了3级不等宽、不同质的路阶，上海某绿地台阶最后级不等高，这样的处理既不安全也显突兀（图3-1-21）。

建筑存在一级高差时，宜做斜坡。在功能变化的板块，如人行道与车道之间的路缘石、平台，一级高差可用作为边界提示、汇水，宜配合纹理、色彩、照明变化。台北、上海很多市政人行道缘石是彩色的（图3-1-22~图3-1-24）。

图3-1-19 提示加照明　　图3-1-20 三级加错步

图3-1-21 不同质、不等高、带水沟的台阶

图3-1-22 色彩缘石及地坪纹理　　　　　　图3-1-23 商业一阶　　　　　图3-1-24 室内一阶

上海公园绿地很多一级台阶现已加上提示（图3-1-25）。景观、小品、地坪有时会把高差作为地面凹凸纹理，或者是很多的"一级"组成的小台阶（图3-1-26）。这些级高在100mm以内，不能视为常规的台阶。

图3-1-25 虹口公　　图3-1-26 很多的"一级"台阶
园"一级"台阶

3.1.4 三五成群

景观中的路阶，重在依据地形，少填浅挖，力保原貌，考虑生境，形成多个视点，有动有静的景观台

阶特征（图3-1-27）。

在分配各段级数时，构成高高低低、左右逢源、有宽有狭、三五成群的变化规律，并尽量使段内级数为奇数，使左、右脚交替上下起步。这种要求与建筑楼梯的分段概念不同（图3-1-28）。

日本著名建筑师芦原义信，认为室外空间景物的变化模数在20~25m之间，可作设计参考依据。

图3-1-27 天然环境依据地形，高高低低，左右蜿蜒，少占用地

图3-1-28 由狭至宽，三五成群

3.2 宽度

3.2.1 交通

当阶梯作为道路的一部分时，主要功能为交通。此时参考建筑以人流量计算，单股人流不小于0.55m+0.15m，最少两股，宽约1.4m。

台阶一般与道路等宽，或加栏略宽于路，勿成瓶颈，当台阶处于建筑与庭园、道路之间时，每边应比建筑门口宽不小于0.5m，低2~5mm。公园最狭路宽0.9m（公园设计规范），绿地最狭路宽0.8m（绿地设计规范）。以此有交通要求台阶宽不宜小于0.9m，通行量较大的建筑台阶宽不小于1.5m。

台阶兼推行自行车坡道，单股不小于0.9m（台阶0.5m+坡道0.4m），双股人流不小于1.8m（台阶1.0m+坡道2×0.4m）。此时坡道形如垂带，要多斟酌（图3-2-1~图3-2-4）。

图3-2-1 历史
记录　　　　图3-2-2 柔性限制　　　　图3-2-3 比门稍宽稍低　　　　图3-2-4 交通人流至少两股

3.2.2 景观

当脱离了交通要求，此时宽度受限于环境空间和景观设计的要求。有时宽阔成台阶群，塑造一种开阔或雄伟的氛围。有时狭窄成封闭的甬道，独步寻幽漫游。求刺激者更小如0.35m的阶状步桩，单木栈道仅10~20cm，对于洞穴更小者要可对望，否则就很难有跳桩、攀岩、登壁的感受。此时阶梯并不以交通元素对待，追求的是完美的感觉，但要控制地点、长度和首末限流_{（图3-2-5~图3-2-9）}。

图3-2-5 环境的氛围　　　　　　　　　　图3-2-6 空间的限制　　　　图3-2-7 洞口至少可对望

图3-2-8 密林独木桥宽11cm　　　　　　　图3-2-9 按空间和景观确定宽度

3.2.3 常用宽度

（1）单人：0.9m，一人带行李，弯曲平面在平台之间应可通视。

（2）双人：1.1~1.3m，一上一下对行，美国要求为1.52m（5ft）。

（3）三人：1.5~1.8m，两人对行，一人带行李。

（4）四人：2.0~2.4m。

（5）五人：2.5~3.0m，大于或等于2.4m时中间设扶手。

（6）六人：3.0~3.3m。

宽度一般按规范、规模、习惯，并配合公园绿地的道路分级网络。当前一种设计倾向是盲目追求大广场及由此带来的大阶梯，产生浪费、空旷、孤独感，并不亲切，错把巨大当成为伟大（图3-2-10、图3-2-11）。

坡道宽度见第3.8节，国外台阶宽度见附录D。

图3-2-10 过于开阔，有空旷、孤独的氛围　　　　　　　　　　　　　　　　　　　　图3-2-11 该多大就多大——客机旋梯

3.3 坡度

3.3.1 计算公式

阶梯坡度的计算表示为步高（h）和级宽（b）的比例，常用公式：$2h+b \geq 600 \sim 650mm$。这个高度各地略有不同，英霍尔登（Robert Holden）放大到550~750mm，或$h+b=450mm$，其余多种计算公式见附录D。

当绿地起伏变化较大时，建议扩大范围为$2h+b = 550 \sim 750mm$。

3.3.2 参考数据

下面经验数据供参考（级高×级宽）：

（1）攀爬：备用、维修阶梯、玩具，不小于210mm×200mm（图3-3-1）。

（2）上山：狭道、小径、山路、简宅，180~170mm×250mm（图3-3-2）。

（3）日常：一般小品、景点、次要道路，建筑中常用，150~140mm×300mm（图3-3-3）。

（4）舒适：重要景点、建筑、广场、主干道，

图3-3-1 攀爬　　　　　　　图3-3-2 上山

景观中常用，120~130mm×350mm（图3-3-4）。

（5）景观：开阔地段、休闲广场，形成地面高差线条，90~100mm×400mm（图3-3-5）。

（6）缓坡：适合于人行、轮椅（图3-3-6），详见3.8节。

图3-3-3 日常　　　　图3-3-4 亲切　　图3-3-5 景观　　　　　　　图3-3-6 缓坡

3.3.3　段间变坡

这里的阶坡指的是阶梯的轴线纵坡。一般情况下，一座建筑阶梯的坡度，或者说梯内每段的坡度相同。段间变坡可造就灵异非常、起伏宕突的立面，最典型如杭州美院（象山）校舍（图3-3-7）。

在景观设计中受地形起伏跌宕限制，纵向变坡度是经常的，但要控制在不大于18%范围之内。绿地内经常可见到由陡坡而成阶的路径。这时要尽可能集中同坡度者为一段，做出规律，避免误判（图3-3-8）。

图3-3-7 段间变坡形成的自由活跃立面（象山杭州美院）

图3-3-8 自然环境中的段间变坡、平台、弯道扶手

景观设计中的垂直交通——阶、坡、梯

欧洲传统建筑有这种例子。比较明显的是阶梯最后一段，用较缓的阶坡，或由单向转为双向、三向台阶（图3-3-9、图3-3-10）。这样变坡多经过平台，不会有安全障碍，而且体形更为活泼生动，同时也最适合于无障碍通行。

图3-3-9 传统建筑最后段转向变坡

图3-3-10 根据地形陡坡改阶

3.4 踏面（级宽b）

3.4.1 一般宽度

景观阶梯室内宽不小于0.30m，室外宽不小于0.35m。当踏面不大于0.25m时，已不能提供完全支撑，不小于0.30m时已是无障碍设计极限。当不小于0.32m时，下梯时要留神踏面边缘绊到足后跟。因此英国建筑师认为250~450mm是控制范围。美国景观设计一般要求是0.28~0.45m（11~18in）。

3.4.2 最小宽度

不论圆、弧、曲形、乱形、踏面不平行等景观阶梯（图3-4-1~图3-4-3），均要求离边缘或最狭处0.25m，宽度不小于0.22m（沿用消防梯规定），西班牙建筑师布鲁托认为乱形踏步最小踏面不小于0.10~15m。

图3-4-1 阶梯最小踏面宽度

图3-4-2 旋梯最小踏面宽度

图3-4-3 乱形踏步最小踏面

3.4.3 表面要求

踏面不能太光滑。内侧采用小圆角易清洁，外侧小圆角、倒角可避勾足绊脚，但倒角、圆角尺寸太大容易打滑。苏联为我国设计的"中苏展览馆"，其台级圆角特大（大于30°），从细节上也可看出民族风格，参见本书第8章。

3.5 踢面（步高h）

3.5.1 一般级高

室外台阶舒适步高为0.12~0.13m，小于0.10m时则易磕绊，大于0.14m不符合无障碍设计，大于0.15m长途步行吃力。室内阶梯尺度按建筑使用性质，步高为0.15~0.20m。

我国《民用建筑通则》要求公共建筑室内外台阶步高不宜大于0.15m，不宜小于0.10m。美国台阶一般0.10~0.15m，英国建筑师认为0.075~0.165m是可控制范围。达到0.30~0.45m已属坐凳范围，而竹梯间距不小于0.4m，已适合攀爬而非行走。

有很多室外景点台阶是宽踏面、低步高，目的在于表现地坪立体纹理，提醒地面高差的存在。

3.5.2 段间级差

阶梯同段内每级应等高，段间可有2~4mm高差。在室内段间高差宜不大于3mm；在室外段间常有较大高差，以配合地形及粗犷材质。美国建筑对梯段步高差距的控制为4~6mm（1/4）之内，可供绿地台阶参考。

注意段内除保持等高外，其材料和构造也宜相似，以免引起误判。

3.5.3 段内级差

景观的阶坡因配合造型地形，偶尔有在同段内变坡的，但为了安全一般是保持步高，变化级宽。对造景来说变坡更是一种使用和视觉差异体验，如传统石拱桥造型（图3-5-1~图3-5-3），但需仔细斟酌的安全因素。

图3-5-1 造型影响级宽和步高　　　　　　　　　　图3-5-2 纵向变坡的石桥阶

景观设计中的垂直交通——阶、坡、梯

3.5.4 尾数调整

施工图中总高差除以阶梯级数，如果尾数甚长不易施工，可取整数至毫米，多余量加于首末二级，此法为历代工程沿用。

英国建筑师利弗塞奇（Robert Jamie Liversedge）也认为末级适宜于调整尺寸。

图3-5-3 日本虹桥

3.6 平台

3.6.1 位置与作用

平台除按上述小于18级要求布置，还用在线路分叉、转折、变坡及无障碍设计的停留观赏点。如果连续超过3个平台，宜改变走道线向（大于30°）、平台形状等以策安全、美观（图3-6-1~图3-6-4）。

图3-6-1 直角转折　　图3-6-2 旋角转弯　　图3-6-3 坡阶转换　　图3-6-4 平斜扩宽

3.6.2 步行模数

步距男女老幼各有不同。水平时人行步长0.60~0.66m，倾斜时约为0.31m；平均步长0.64m，安全步长0.46m。因此平台、踏面长度应考虑为其倍数，一般道路用

图3-6-5 平台、踏面长度应为步长倍数，有使用的因素，也有美观、衔接、停留等因素

0.64m，汀步、嵌草铺装等一类以0.46m为模数（图3-6-5）。例如一个平台踏面长度为1.5m，那么从上一个阶段经过平台到下一个阶段，要用3步。

3.6.3 常见尺寸

常见平台深度1.5m，符合无障碍设计小型公共建筑、多低层住宅要求；小型公共建筑、多低层建

筑、公寓用2.0m。

绿地的平台往往是一个观赏、转折停留点，因此要在交通动线外留出足够的余地，尤其是反复转折时。当然作为景观设计一部分，路阶平段、平阶广场、缓坡转折，都是平台的一种灵活形式（图3-6-6），和楼梯平台有很大不同（图3-6-7）。

图3-6-6 路阶平台、平段、平阶广场都是观赏、转折、停留点　　　图3-6-7 楼梯平台

3.7 栏杆

3.7.1 规范要求

我国主要规范通则有关栏杆、扶手的要求如下：

《公园设计规范》：园路在地势险要处设安全防护（图3-7-1）。在建筑内部及外缘，凡游人正常活动范围边缘临空高差不小于1.0m处，均设护栏高1.05m，高差较大时可提升但不大于1.20m。

《民用建筑通则》：室内楼梯扶手高不小于0.9m，水平段扶手高不小于1.05m。人流密集场所台阶临空高差不小于0.7m设防护（图3-7-2）。室外楼梯防护栏杆，临空高度小于24m，栏高1.05m，临空高度不小于24m，栏高1.10m，以减少人的恐惧心理。

图3-7-1 在地势险要处设安全防护　图3-7-2 人流密集场所临空高差不小于0.7m

《城市道路和建筑物无障碍设计规范》：楼梯两侧设扶手，台阶从3级起设扶手（图3-7-3）。坡道、楼梯、台阶扶手高0.85~90m，双层扶手下层高0.65~0.70m。上下行第一阶在材、色上应有区别。

《绿地设计规范》（上海）：游人正常活动范围边缘，临空高差不小于0.7m设护栏（图3-7-4），高不小于1.05m。园路在地势险要处设安全防护，护

图3-7-3 台阶从3级起设扶手

栏杆距要求不大于110mm。

从以上论述可知，设置安全防护有3项：人流密集，地势险要处，临空高差不小于0.7~1.0m。安全防护高不小于1.05m，特别危险处加高至不大于1.20m。

以上护栏的设置一是看环境，在高地（峭壁）、深水、陡坡，甚至软、硬地面各不同；二是看运行状况，游人正常活动范围要设栏杆。在少儿专用活动场所，护栏杆距要求为不大于110mm。这里指垂直杆间的净距，还要强调防爬防钻（图3-7-5）。景观设计因为关注造型图案，往往不能保证杆距，要引起注意。杆距要求也会因国情而不同，例如欧洲为120mm，美国为127mm，均比我国略大。

栏杆还要达到顶部水平荷载1kN/m，挠度不大于1/100要求。

图3-7-4 游人正常活动范围临空高差不小于0.7m

图3-7-5 护栏应有高度、防爬、防钻、强度要求　　　　　　　　　　　　图3-7-6 靠墙设栏

3.7.2 景观建筑

一般建筑阶梯都有栏杆，除非最初几级。以阶梯宽度要求（图3-7-6~图3-7-9）：

（1）阶梯宽度不大于1.0m，设单面扶手；

（2）阶梯宽度1.0~1.6m，设双面扶手；

（3）阶梯宽度不小于1.6m，靠墙设扶手；

图3-7-7 双面扶手　　图3-7-8 双高扶手　　　　　　图3-7-9 墙上设栏

（4）阶梯宽度不小于2.0m，设中部扶手。

欧洲要求大致相同：

（1）阶梯宽度不大于1.25m（4.10 ft），设单面扶手，宜于上阶时右侧。

（2）阶梯宽度1.25~2.50m（8.20 ft），设双面扶手，包含所有宽度的弧形阶梯。

以无障碍要求，台阶不小于3级两侧设扶手。扶手高指踏步中心线至扶手上皮0.85~0.90m，双层高0.65~0.70m，栏高按阶坡调节。扶手上下、转折应保持衔接连续。

以上景观设计中应予以保证。但因变化多，往往在同一段内保持连续。同时栏杆的地位要与坡道协调，避免图3-7-9情况。

3.7.3 景观绿地

公园绿地中道路、平台、广场的台阶，最好是与环境景观融为一体，提倡自然化防护。绿地多软质铺装，相对建筑来说比较安全（图3-7-10~图3-7-13）。择址、地形塑造、种植设计三者紧密配合，可创造生态优美又安全的环境。当前景观设计的一个瑕疵是，绿色、生态不足，刻意高价、奢华。

西班牙在下面几种情况时不设栏杆：

（1）台阶小于5级时（约0.60~0.75m）；

（2）高差小于1.0m（3.28ft）时；

（3）斜坡小于1/4时（国内有的建筑师以35°为界）。

在景观实践中需明确表示界限时，要因地而宜区分低栏0.2~0.4m，中栏0.5~0.7m，高栏0.8~1.0m的不同。绿地设低栏可作装饰。绿地设中栏除警示作用外，还可限车流。绿地台阶设高栏，可理解为：

（1）扶手、导行，限制活动范围，尤其是游人集中处；

（2）临空高差小于1m，但容易发生跌落、溺水等隐患事故的地段；

（3）级数多的台阶，斜度大的坡道、山石地形险要处。

（4）绿地栏杆并不强调两边对称，按上述要求只单边设置并无不可。单边在直线段宜设于上阶时右侧，在弧线段宜于内侧。

绿地栏杆造型、线条、色彩均宜简洁。在日本最常见是两三道竹木（原质或仿）栏杆。只有低栏配合地被绿篱，稍作打扮（图3-7-12、图3-7-13）。

图3-7-10 内外　　图3-7-11 自然低栏　　　图3-7-12 单面扶手　　　图3-7-13 双面扶手
接平

3.7.4 中部栏杆

根据规范要求不小于4股人流时设中部栏杆，如以阶梯宽度限制为2.20~2.80m（8.20 ft=2.50m）；

分流后单股宽约1.0~1.8m。个别地方，可以见到阶末拓宽地段加中部栏杆的。在人流拥挤时可为分流、限流、防跌提供有力支撑（图3-7-14、图3-7-15）。

图3-7-14 中部栏杆

公园绿地的广场、公共建筑阶梯的中部栏杆对景观影响较大，特别是艺术性装饰的要详加研讨，见第11章。

图3-7-15 人流拥挤时分流、限流

3.8 坡道

3.8.1 最大坡度与最小宽度

各种坡道的最大坡度和最小宽度限制，如有可能宜协调轮椅、自行车推行要求。

（1）自行车推行时，坡度不大于1/5，水平长度不小于6.8m设平台，宽不小于1.8m。

（2）室内人行时，坡度不大于1/8，水平长度不小于15m设平台，宽不小于1.0m。

（3）室外人行时，坡度不大于1/10，宽不小于1.5m。

（4）轮椅坡道，坡度一般不大于1/12，水平长度不小于9m设平台，宽不小于1.2m；极限不大于1/8，宽不小于1.2m。

（5）建筑门口（有台阶）坡度不大于1/12，宽不小于1.2m。

（6）建筑门口（无台阶）坡度不大于1/20，含轮椅坡道入口地坪，宽不小于1.5m。

（7）地下车库，首末缓坡段3~6m，坡度不大于1/50（2%），中间段坡度不大于1/14（7%）。

3.8.2 高度与长度关系

坡道高度与长度的关系见表3-1所列。

我国绿地坡道对此常有欠虑犯规，新建行人、无障碍缓坡要避免一泻到底（图3-8-10、图3-8-11）。欧洲、日本对此设计均有严格要求。德国的行人坡道最大为1：15，英国的行人坡道最大为1：12，长度最大为10m。坡道平台大于1.8m×1.8m。平台上纵坡小于1：60，横坡小于1：40。

图3-8-1 室间斜坡

图3-8-2 超市人行坡

图3-8-3 交通枢纽

图3-8-4 室外有阶坡道

图3-8-5 室外无阶坡道

图3-8-6 室外坡道广场

图3-8-7 室外无障坡道

图3-8-8 室外三段坡道

图3-8-9 室外河畔长坡

图3-8-10 长坡尽量避免一泻到底

图3-8-11 坡道方向重复

坡道高度与长度的关系 表3-1

坡度	1:4	1:6		1:8	1:10	1:12	1:16		1:20	
高度（m）	0.15*	0.20	0.3*	0.35	0.30*	0.60#	0.75#	1.00	0.9*	1.50	1.20*
水平长度（m）	0.60*	1.20	1.8*	2.80	2.40*	6.00#	9.00#	16.0	14.4*	30.0	24.0*

*：无障碍坡道使用。

#：行人及无障碍坡道共用。

景观设计中的垂直交通——阶、坡、梯

3.9 滑道

滑道一般有起点、中间、出口三部分。起点和中间滑道等宽，出口部分应为圆或曲形，经常是开敞的，有时甚至融化入地（图3-9-1）。

图3-9-1 滑道

开敞式单人滑道当坡长不小于1.5m时，一般宽度在0.70~0.95m之间，以避免滑动时被卡或跌倒；坠道式滑道的宽及高都应不小于0.7m以上。滑道坡度一般为5%~10%，必要时可取12%。

滑道表面要细洁光滑，如不锈钢或合成材料。避免采用有毒、污染、腐蚀的物品。

攀登用的绳子一般直径18~45mm，在固定的一端直径应不小于24mm。

3.10 安全

台阶、坡道代表高差的变化。在景观设计中，也常以台阶强调、表现场地的高差，加上造型造景元素扑朔迷离，尤需特别注意安全。

3.10.1 规划

在规划布局上对导向、分散人流要有充分体现。在人流可能拥堵处，要调整位置、形状、阶宽，勿成瓶颈，勿造成对冲；各类垂直交通的衔接要通顺且接近，减少人流累积和体力消耗（图3-10-1、图3-10-2）。

重要景区、交叉口、高差点，应布置阶中栏杆和首末限流装置（图3-10-3）。公共场所人流拥挤处，阶、梯、坡首末端，需有警戒、防滑标识（图3-10-4）；梯下三角形空置空间，也需防止误入（图3-10-5）。但是这些部位不要成为景观设计的"败笔"。

图3-10-1 衔接通顺且接近

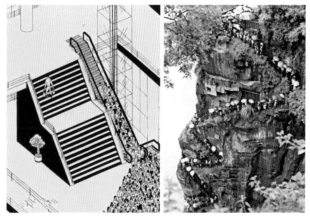

图3-10-2 位置、形式便于分散人流

图3-10-3 首末限流装置　　　图3-10-4 需有警戒防滑　图3-10-5 梯下空间防止误入

3.10.2 稳定

无论在垂直交通或者是其延伸体上躺、走、坐、跑、跳、悬挂、摇摆、滑行、攀爬、躲藏、避让时，支撑面都必须平整、稳定、牢固（图3-10-6~图3-10-8）。很多危险都发生在狂欢或做任性动作时，如足球场看台倒塌。

图3-10-6 支撑面须平整　　　　图3-10-7 支撑面须牢固　　　　　图3-10-8 支撑面须稳定

3.10.3 避免踏空

踏空多在下阶时发生，高差极易造成跌倒引发踩踏事故。少数台阶宜用缓坡代替，如集市、广场，以及瞬时有大量人流的公共建筑出入口（图3-10-9、图3-10-10）。

图3-10-9 斜坡解决微高差　　　　图3-10-10 无台阶坡道厅堂

景观设计中的垂直交通——阶、坡、梯

3.10.4 坡面

道路纵坡之坡度不小于15%，坡道之坡度不小于58%时，应作防滑处理。同时对横坡也应注意，如无障碍设计通道，横坡不大于2%（图3-10-11）。

图3-10-11 坡面应作防滑处理，并尽量景观化

3.10.5 斜面

在长阶、临水、临空阶梯中设斜坡面，可能增加跌倒、翻滚危险，并无必要，如琅琊山、上海城隍庙，而香港大屿山、上海地铁则先有预防（图3-10-12~图3-10-14）。

图3-10-12 琅琊山长　图3-10-13 香港大屿山布置防护　图3-10-14 张贴安全警示
阶设斜坡　　　　栏杆

3.10.6 入水

阶、坡入水的设计，要注意水质、水深和流速，水下等高线不能突变，水上要有警示和救援设施等等，安全不能只限于水深一项（图3-10-15~图3-10-17）。

3.10.7 管理

各重点控制的景区、道路、广场，要有容量、拥堵系数，有应急预案（图3-10-18）。如上海豫园商城，在游客滞留量2万人时，对小于3m宽狭道单向或双向禁行，在游客滞留量4万人时，商城只出不进；核心景点九曲桥实施单向通行（图3-10-19）。

图3-10-15 人群处控制流速

图3-10-16 容易救助回岸

图3-10-17 亲水但易控制

图3-10-18 要有容量拥堵系数

图3-10-19 重点控制地段

景观设计中的垂直交通——阶、坡、梯

Chapter 04

第 **4** 章
常见的位置

4.1 径中台阶（坡道）

4.1.1 路中阶

道、街、径中之台阶，变化在线型，如直线、折线、自由曲线、规则曲线（环圆、椭圆），更在于交通方式阶、梯、坡的交织，是一种"路型阶"（图4-1-1~图4-1-4）。

景观阶梯要有导向性、观览性。景区在不同时、地空，人流状况不同，还要有多方面适应性。

图4-1-1 曲折自如

图4-1-2 阶坡组合

图4-1-3 贴地的阶

图4-1-4 开阔的路

4.1.2 阶配坡

当路型阶梯需考虑自行车、行李车、婴儿车、轮椅车及人行方便通行时，应部分做坡道，形成以阶为主，阶、坡并存断面（图4-1-5）。

当然，人车混合道路较为陡峭时，也可考虑采用一段人行台阶，此时是以坡道为主，坡、阶并存断面。详见第10章。

图4-1-5 各种的阶配坡，有的主次分明，有的旗鼓相当。有的平行，有的成90°转角

4.1.3 桥栈阶

因为基地需要架桥设栈，景观常常在入口、濒水、山峦加入一段台阶或坡道，用以表示与大地起伏之密切联系。即便平坦者，如上海诸多公园，也需人为创作立体高度，故作悬姿（图4-1-6、图4-1-7）。

图4-1-6 上海肇嘉浜公园栈桥　　　　　　　　　　图4-1-7 上海古城公园入口栈桥

景观桥上阶、径、坡多种方式都有，"栈"是各种交通方式的组合（图4-1-8）。

有时栈桥会独立成为一个景点，如上海世博园的旱桥，就是划分空间，虚实、上下、视觉的变幻体验，不一定是传统意义上的"桥"（图4-1-9）。

图4-1-8 台湾野柳地质公园台阶栈桥

图4-1-9 上海世博园弧形的旱桥

　　　　　　　　　　　　　　　　　　景观设计中的垂直交通——阶、坡、梯

4.1.4 汀型阶

当阶梯狭窄，以至踏面为"点""线"时，成为"汀"型阶。有时是因人少罕至、高度限制，有时是因景观设计需要"藕断丝连"（图4-1-10~图4-1-13）。

图4-1-10 汀型过丘　　　　　　　　图4-1-11 自山伸出　　图4-1-12 不断水流　图4-1-13 藕断丝连

4.1.5 健步阶

对于现流行健身步道的高差，一般采用坡道较为合理。在环境不允许情况下，也会在台阶上延续步道铺装，但界面要清晰（图4-1-14）。此时台级提供运动方式的转换、也是一种记忆符号。

图4-1-14 健身步道高差的两种处理：坡及阶

4.2　路侧台阶（坡道）

路侧台阶沿道路布置，联系建筑、铺装、广场不同高差地面，是种高差台阶。常顺路沿纵长方向用单跑台阶，变化主要在长度、位置、小品。常见两种做法：

4.2.1 路侧全长台阶

全部做长宽阶，感觉统一、纯粹和亲近，给人壮观的感觉，适用于人多、宽阔、通畅的环境，如商业、娱乐街面（图4-2-1~图4-2-5）。

图4-2-1 骑楼台阶　　　　　　　　　图4-2-2 走廊台阶

图4-2-3 转角台阶

图4-2-4 古迹台阶

图4-2-5 绿地统长台阶

图4-2-6 留出柱位盆栽

4.2.2 路侧花坛台阶

出入口局部为台阶，其他部分为景观如花坛，给人感觉有开有合，景观元素丰富多样，如沿街办公、商业、住宅入口（图4-2-6~图4-2-8）。

当沿街的腹地较大台阶上下都有铺装时，如果台阶绿地开阔，给人感觉是台阶、栈道、汀步从上层平台穿越沿街绿地到下层，让人产生另外一种意境。此时，绿地中常设有花坛小品，如上海翔殷路、南京路某办公楼（图4-2-9、图4-2-10）。

将这种想法发展下去，可调整行道树穴位，台阶与绿化紧密围绕（图4-2-11），还可在台阶上做多种

图4-2-7 留出墙体花坛　　　　图4-2-8 留出上走道，有疏有密

图4-2-9 精致的种植布置　　　　图4-2-10 演变成为小品，有简有繁

图4-2-11 上海长宁区台阶和人行道位置的创新

景观设计中的垂直交通——阶、坡、梯

创新的设计，如在阶上开天窗，或做成拱桥形态（图4-2-12）。如果台阶面临的是绿地，其他元素如广场、水体等也同样处理。甚至把花坛退缩在阶后，或做多层次平台。但要避免如图4-2-13(d)那样切割。

图4-2-12 同济大学阶梯上的"天窗"和"虹桥"

图4-2-13（a）长阶面临水体（b）花坛退在阶后 　　　（c）多层次平台 　　　（d）不适当的分层

4.2.3　车行道位置

因行车需让行人，车行常在阶下；如腹地宽阔，车道可设在阶上，也包含停车位。行人道与车道的交叉只能一个点，设在首末端，尤其是道路纵坡较大时（图4-2-14~图4-2-16）。

图4-2-14 腹地大，车停阶上广场　　图4-2-15 腹地小，线形停车 　　　　图4-2-16 车从首末进入

4.3　景观小品入口台阶（坡道）

指连接园林建筑、别墅、庭院、小品、小广场之台阶。大门造型缤纷多样，不胜枚举，加上各种装饰景观，可达到新颖、温馨的效果，给人宾至如归的感觉。

（1）景点（图4-3-1）。

图4-3-1 优秀的景观设计，这里应是一个表现各种风情的景点

（2）停留（图4-3-2）。

图4-3-2 出门后可短暂的停留，是告别、歇足、整理衣物等的平台

（3）展示（图4-3-3）。

图4-3-3 弧线暗示行走的方向

（4）交接（图4-3-4）。

图4-3-4 台阶与建筑边界的逐级唧接

（5）高差（图4-3-5）。

图4-3-5 最基本的功能是解决内外高差，对下沉建筑可成为分水线

景观设计中的垂直交通——阶、坡、梯

以上可见凡属建筑类型之台阶及其平台，向外扩展较为有利，呈单、双、三向，以至规则、自然曲线等平面。凡属庭院园林类型之台阶、平台，依地形选择向内或向外，各有情趣（图4-3-6）。

图4-3-6 台阶及其平台有向外、向内、中间之不同

4.4 多层和高层建筑入口坡道

4.4.1 多、高层住宅（坡道）

高层住宅建筑大门要求无障碍设计，现多层住宅要求扩建的也不少，住宅区景观设计中，经常有此类问题。要在方便使用、节约用地与入口景观三者之间取得平衡并不容易（图4-4-1~图4-4-4）。往往建筑前腹地不够，缓坡须反复转折多次，虽用不锈钢、玻璃扶手，但往往前后重置并不美观（图4-4-5~图4-4-7）。

图4-4-1 正面台阶　　　　图4-4-2 坡道靠墙　　　　图4-4-3 2-3曲折或圆弧形　　　图4-4-4 中间绿化

图4-4-5 避免相互交叉反复　　　　　　　　　图4-4-6 使用方向不明确　　　图4-4-7 景观重叠不美观

4.4.2 阶坡的配合

一般的办公、教学、景区等主要公共建筑，常是正面人行台阶加侧向坡道，直上入口平台。无障碍及限流设计要设栏杆（图4-4-8、图4-4-9）。

图4-4-8 一般公共建筑台阶加坡道　　　　　　　　　　　　　　　　　图4-4-9 旅游点的限流

4.4.3 坡道伸至檐下

宾馆、酒店、办公等公共建筑主要入口，常是正面人行台阶加环向车行坡道，直至檐下。人行台阶两端和车行坡道后面，为绿化、装饰用地^{（图4-4-10）}。此处为进入建筑给人第一印象之处，要新颖别致，精心设计。

图4-4-10 正面人行道，环向车行坡道

4.4.4 公共建筑入口广场

图书馆、博物馆、科技馆等大型文化建筑门口，常有宽阔的广场、台阶、装饰，表现建筑的面貌，适合集体活动。此时人车多分流^{（图4-4-11、图4-4-12）}。

上海博物馆、图书馆门前广场可行车^{（图4-4-13）}。戴复东老师设计的同济大学逸夫楼，则把长台阶安排在车道后，非常简洁^{（图4-4-14）}。

图4-4-11 上海文化广场与上海歌剧院大台阶　　　　　　　　　图4-4-12 芝加哥密歇根湖图书馆

景观设计中的垂直交通——阶、坡、梯

图4-4-13 上海博物馆与上海图书馆正门广场　　　　　　　　　图4-4-14 同济大学逸夫楼入口台阶后退

4.4.5　以缓坡代阶

当建筑内外高差不大时，用平缓坡道（不小于1/20）代替台阶，给人亲切感、方便感。如果坡缓至不小于1/30且高差控制不大于300mm，轮椅上下不必设扶手，如同济大学中法馆（图4-4-15），有的可以直上二层平台，如同济大学附属同济医院。

这种以坡代阶做法，文教建筑、医院、广场并不少见，尤其人流拥堵或地形较平缓时，是一种便捷人车的做法（图4-4-16~图4-4-19）。

图4-4-15 同济大学中法馆教学楼入口　　　　　　　　　图4-4-16 普陀山文化博物馆

图4-4-17 台北（桃园高尔夫球场）会馆入口　　图4-4-18 上海（瑞金医院）入口　　图4-4-19 松江（方塔园）园径坡道

在园林绿地，这种例子也很多，如冯纪忠教授主持设计松江方塔园（图4-4-19），巴黎卢浮宫庭院、浙江良渚绿地也可见到（图4-4-20、图4-4-21）。但这里不能说"以坡代阶"，只能说"适宜用坡"。

图4-4-20 巴黎卢浮官庭院　　　　图4-4-21 浙江良渚绿地广场坡道

4.5　存在的问题

4.5.1　行程流畅

从入口经过阶坡到大门，行程要有程序，要流畅、前后一致。如某公检法办公楼大门正对围墙，下台阶后需大转折后才是出口，似乎在表示"此路是通的，但又是曲折的"（图4-5-1~图4-5-3）。

图4-5-1 建筑围墙外立面　　　　图4-5-2 入口在办公楼大门右边　　　　图4-5-3 办公楼大门面对围墙

4.5.2　统一规划

共同地段的大门、平台、台阶，要统一整体规划，避免阶坡大而重复、空虚，缺少明确的景观导向设计（图4-5-4~图4-5-8）。

图4-5-4 统一部署平台、台阶、缓坡、扶手，达到美化、安全、减少重叠的要求

景观设计中的垂直交通——阶、坡、梯

图4-5-5 只需单向台阶　　　　图4-5-6 产生死角　　　　图4-5-7 浪费空间　　　　图4-5-8 缺乏组合

4.5.3 注意细节

台阶存在瑕疵，一种可能是规划设计时没注意环境特征、内外高差；另一种可能是施工或改建时造成。走向节点要自然合理，减少重复。一条通路不能设二向、三向台阶，阶坡不配，甚至此阶不通（图4-5-9~图4-5-12）。

图4-5-9 盲目的台阶部署　　　　　　　　　　图4-5-10 台阶断续无用

图4-5-11 阶面破碎，应做转角　　　　　　　图4-5-12 阶坡配合不佳

4.6 阶坡型广场

4.6.1 纪念性广场

一般中轴规则平面，阶梯规整，通道两侧设栏杆，常有花坛或临时摆设，以形成参拜、朝圣的肃穆氛围，如南京中山陵等（图4-6-1~图4-6-3）。

图4-6-1 台阶广场中设绿带

图4-6-2 阶与坡结合

图4-6-3 楚王雕像台阶

　　台湾佛光山佛陀纪念馆占地百余公顷，中轴对称，各展区有不同风格（图4-6-4~图4-6-9）。大门内草坪广场，设37道平缓的台阶，成为"万人照相台"。释迦牟尼佛像高50m，离地108m，是世界最大的铜铸坐佛，安坐在四圣谛塔中央。正对佛像前，是多层阶梯造型。有诗赞叹：

走过青青草地

走过百万人的碑墙

八正道的七层宝塔引领——

今日的因缘

登上三十七道品的阶梯

了度众生

在十八罗汉成列的菩提净土

图4-6-4 佛陀纪念馆大门

五百六十七之遥啊

灵山路远

四圣谛塔哟

巍巍佛陀

广广地宫

泱泱大殿

（佛陀纪念馆行脚　林育民）

图4-6-5 有37道平缓的台阶

图4-6-6 可容万人照相台阶

图4-6-7 礼敬大厅入口

图4-6-8 坐佛和四圣谛塔

图4-6-9 佛像前多层阶"阵"

景观设计中的垂直交通——阶、坡、梯

4.6.2 景观性坡阶

景观性阶是景观一部分，讲究宽广雄伟。有时它是依托地形高差形成阶面，有时它是树、阶和旗阵的结合，有时它是台阶群体和花坛块面的对比，有时它是市政架空的廊道，自然、生态、活泼（图4-6-10~图4-6-12）。

图4-6-10 依托于地形　　　　图4-6-11 阶"阵"和树"阵"　　　　图4-6-12 市政架空的廊道

有的建筑屋顶设计形成阶梯立面，如日本多摩市台阶广场（图4-6-13），分为上下5段，甚具节奏感。日本飞鸟博物馆上面并没有什么交通要求，台阶不按级数分段、设栏，上下一气呵成，甚为雄伟壮观（图4-6-14）。

长沙市中轴线规模宏大，设计依托原有小山丘，台阶以流水、石川、树坛做出了前后呼应，轴线穿梭的广场，特别是阶中大树阵列，使广场宽敞又饱含婆娑绿影（图4-6-15）。

图4-6-13 台阶和花坛

图4-6-14 建筑顶层形成立面，阶阵和附近的山川呼唤（日本飞鸟博物馆）

图4-6-15 长沙市中轴景观

澳门大三巴广场，建于1602～1637年，毁于1835年，只留下花岗石前壁和广场68级台阶，游人摩肩接踵。前壁上四层有十字架、壁龛、圣母耶稣等，第五层门楣刻"圣保禄教堂"。这里充分考虑了前壁的纪念意义，台阶群体容纳观景人流，有合理的流程动线（图4-6-16~图4-6-18）。

各种变坡可作为景观元素，包含软质、硬质材料造成了地形变化，可以纯为观赏，也可以附带交通功能，也可以是儿童乐园一部分。

一个广场多是综合性的，而且在我国人流量常是极不平衡的。如上海外滩景观广场面积约15hm²，节假日高峰达31万人，如选择阶"阵"、树"阵"广场，比有限的台阶（4m宽），更能适应人流变化（图4-6-19）。

图4-6-16 大三巴纪念碑　　　　图4-6-17 碑墙后有钢架支撑（附小阶梯）　　　　图4-6-18 侧面集散广场

图4-6-19 表现阶、坡、道、绿综合性景观广场

4.6.3　交通性阶坡

重要、大型建筑前常见台阶，有交通要求，夸张后加入景观元素，还可衬托恢宏的建筑面貌。从这里可以体会，规范所要求的是必需的最低标准，景观设计要因地因人而异（图4-6-20、图4-6-21）。

图4-6-20 大型住宅区入口　　　　图4-6-21 大型展销会入口

景观设计中的垂直交通——阶、坡、梯

人行密集高差不大处，如地铁、商场、景区等换接大厅、平台、枢纽，采用坡道在安全、构造、面貌诸多方面往往优于阶梯。日本、韩国的车站、机场、商城多这样布置，上海徐家汇地铁站也是这样（图4-6-22~图4-6-26）。

图4-6-22 步行商业街

图4-6-23 上海大型超市入口

图4-6-24 上海某大商场外坡道

图4-6-25 上海地铁交通枢纽

图4-6-26 日、韩机场车站大缓坡

Chapter 05

第❺章
阶面有变化

台阶、楼梯的变化，主要表现在阶面上。平面、立面、踏面及踢面的配合，形成多种造型，加上色彩变幻，可梳理成8种款式。实际工作中，规则、异形、错形等等，往往是相互穿梭、交叉配合。例如"错位+错步"，是最节约空间的室内小阶梯，俗称"探戈"梯。

5.1 变形台阶

5.1.1 形式

这里所指变形为台阶平面形状，如O形、V形、L形、W形，有的甚至呈多向曲线。台阶踢面高和踏面宽规整一致，阶坡不变。但因行走方向与阶线斜交可能引起坡变，其中内凹的曲线变形较为少见（图5-1-1~图5-1-7）。

图5-1-1 O形多层次中心

图5-1-2 V形，人行道台阶

图5-1-3 L形，微曲线入口

图5-1-4 W形，小广场边缘

图5-1-5 几何折线内凹变形

图5-1-6 转角地段加宽外凸变坡

图5-1-7 自由曲线台阶，平台加宽而变坡

景观设计中的垂直交通——阶、坡、梯

5.1.2 传统

欧洲传统建筑、雕像、广场可见到多种形式的台阶，设计思想是以多重、多向、向上的层层级差，来象征权威、中心，比喻集中、统一，此意境非一般直线台阶所能做到。1717年弗朗西斯科·德桑克蒂斯设计的西班牙广场（踏步150mm×400mm）最为典型。当然也可以反过来处理，如缺角梯（图5-1-8~图5-1-12）。

图5-1-8 内凹多向自然曲线

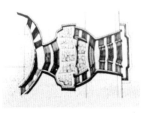
图5-1-9 西班牙广场台阶平面

图5-1-10 采用复杂曲线的雕塑

图5-1-11 西班牙形式踏步

图5-1-12 缺角也是变形之一

5.1.3 变化

变形若是规整、完整、几何的，可表现严肃的主题（图5-1-13）。当然有时候变化的形式，可以处理得活泼可爱一些（图5-1-14）。例如一两个方向，踏板片片垒放，层层下降，如同飘落的雪花。而两层之间的平台，在景观设计中尤为亲切可爱（图5-1-15）。但要避免出现一、二级台阶的情况（图5-1-16）。

图5-1-13 表现严肃的主题（上海）

图5-1-14 表现活泼的景观

图5-1-15 层间平台，亲切可爱

图5-1-16 避免一级台阶

5.2 变坡台阶

5.2.1 变坡台阶

踢面标高一致，踏面宽度渐变，形成"曲线阶梯"，这根曲线是与人行走向一致的，此为纵向变坡台阶的基本形式（图5-2-1）。踢面标高变化，踏面宽度一致也可以变坡，但要注意安全。有的是两种变坡的结合，如苏州某人行交叉拱桥（图5-2-2、图5-2-3），日本庭园的"虹桥"也常采用这种形式。俯仰之间，婀娜多姿。

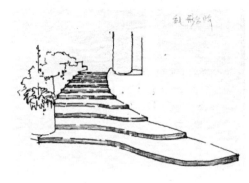 

图5-2-1 变坡台阶　　　　　　　　　图5-2-2 苏州某人行交叉拱桥，侧面形成相互穿插的曲线

图5-2-3 俯仰之间可见桥面的优美曲线

5.2.2 段间异坡

同一阶梯的段内等坡、段间异坡，外视如折线，既达到各段标高要求，符合规范，又展示阶带的"曲折通幽"，避免单调（图5-2-4、图5-2-5）。如在台阶的下几级变形变坡，这种情况甚为常见。在同一级变形变坡则较少见（图5-2-6）。

图5-2-4 段间异坡（浙江）　　图5-2-5 双折楼梯（世博西安馆）图5-2-6 台阶下段及同级变坡

景观设计中的垂直交通——阶、坡、梯

5.2.3 曲线造型

上下级踏面宽度渐变，可形成阶梯侧面之曲线造型。日本卡西欧公司汤原疗养所的变坡台阶配以弧形扶手，非常优美（图5-2-7、图5-2-8）。

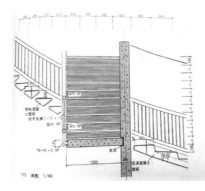

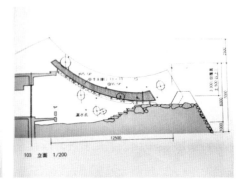

图5-2-7 卡西欧变坡台阶剖面

图5-2-8 级差一致，步宽渐变

许多的新型拱桥，也有这种例子。因为控制了渐变的尺度，人们使用时并不觉得异样，造型上却如彩虹般优秀。我国古典桥面有直也有弧。弧形是一种微变量的台阶，给人一种内外严丝合缝的感受，如台湾大溪铜像公园的新型拱桥（图5-2-9、图5-2-10）。

图5-2-9 台湾大溪铜像公园新型拱桥的全景、俯视

图5-2-10 加强的平视效果

图5-2-11 顺应地形而变坡

5.2.4 螺旋阶梯

同一级踏面宽度变化，使内外两侧面的坡度不等，就形成了螺旋阶梯。螺旋阶梯的上下层基本相同，是同序的横向变坡，这是变坡台阶另一种基本形式。螺旋阶梯的踏面，是向内

图5-2-12 螺旋坡及阶

微降的，并不完全是一个水平面，这样做的目的抵消环行走时的离心感觉，也有利于排水和清洁。

以一个环形坡面纵向轴线的坡度而言，与轴线平行的左右各点，曲线坡度不断微小变化。因此环形坡也是一种微横向变坡。同时要保持轴线的坡度不变，沿坡面径向的台阶级差是等量的，可称为环状变形台阶。坡道换成台阶也是同理，但首末略有差异（图5-2-12）。

图5-2-13是坡度渐变形成了扭转的曲面，是一种独立的微地形。图5-2-14是由规整形状台阶逐渐演变为弧形的例子，往往是双向变坡，以横纵其中一向为主。

螺旋阶梯造型比较复杂，参见本书第8章第7节。

5.2.5 斜面变坡

一个螺旋形平面，如果横、纵向同时无序变坡，就会成为乱石堆垒似的斜坡，让人步履维艰。如果是规整平面，双向变坡就成扭板。坡道特点之一，是脱离了阶梯的束缚，因此变形非常普遍且易于施工，有时一段坡道会数次变坡（图5-2-13、图5-2-14）。

图5-2-13 环形阶有序变坡（一）　　图5-2-14 环形阶有序变坡（二）

由于踏面尺寸变异不等，行走时注意力集中在抬足跨步上，变坡台阶多用作装饰性、辅助性阶梯或者儿童玩具上，见图5-2-15~图5-2-18。

图5-2-15 双向变坡　　　　图5-2-16 单向多次变坡　　　图5-2-17 配合滑道变坡（智利蛇形艺廊展馆）　　图5-2-18 3种坡度

5.3 乱形台阶

乱形台阶踢面标高一致，台阶形状无序变化，因此是一种无序变坡（图5-3-1）。它和变坡台阶的不同，是所有纵向剖线之坡变均不同。乱形平面有2种：变化小的如随意砌造的乱形石块台阶，变化大的是不同方向直线、曲线的组合。

5.3.1 无序变坡

台阶平面尚属规整，阶内级缘是各向斜交直线，或是各种弧度曲线，甚至是自由曲线的组合（图5-3-2~图5-3-4）。或者是找不到定位点的"几何"曲线，有时正反凹凸组合甚为优美（图5-3-5）。

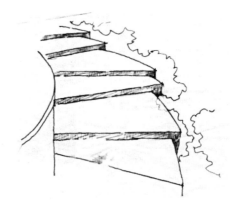

图5-3-1 乱形台阶

图5-3-2 各向斜交直线阶缘　　　图5-3-3 正反曲线阶缘（澳门公园）　　图5-3-4 正反曲线阶缘（二）　　图5-3-5 优美的曲线组合

景观设计中的垂直交通——阶、坡、梯

另一种是台阶平面设计为乱形，阶内级缘是随意曲线或折线。时而顺序尚存，时而阶缘重叠阶位消失。它是地形，更多的是匠心和设计创意，追求接近自然的形态（图5-3-6~图5-3-9）。

图5-3-6 乱中有韵的变异

图5-3-7 追求自由的形态

图5-3-8 2种变坡组合

图5-3-9 悬空的"赶脚"

5.3.2 乱石砌筑

常见于乡间、绿地的曲折小道、蜿蜒河坡，因地而曲、随材砌筑，构图非常自由活泼，需要心灵手巧，但要尽量使踢面垂直行走方向、缘线整齐。

这种形式有时是因为地形，有时是匠心和设计创意，追求尽量接近自然的形态（图5-3-10、图5-3-11）。

图5-3-10 林径几步一阶

图5-3-11 乱石随形砌筑

5.4 错位台阶

5.4.1 平面错开

踢面尺寸一致，但是有一部分阶梯平面位置前后错开，暴露侧身（图5-4-1）。长而窄形的台阶由于阶面缺少变化，常用错位办法增色；在坡地可借用错位，调整阶坡位置，契合地形（图5-4-2~图5-4-4）。

图5-4-1 错位台阶

图5-4-2 台阶一级错位

图5-4-3 错位加质感变化

图5-4-4 长台阶多错位

5.4.2　错位实例

2012年，艾未未、赫尔佐格-德梅隆设计的下沉式广场，上为光滑屋面，下铺装为各种错形台阶，极尽变化之能事（图5-4-5）。荷兰阿姆斯特丹某啤酒厂桥头，高差较小，但与桥坡配合丝纹密缝，令人赞叹。我国城市也可见到这种布置，以方便行人上下（图5-4-6、图5-4-7）。

图5-4-5 错位台阶广场　　　　　图5-4-6 错落有致的阶变（荷兰）　　　图5-4-7 桥阶错位成景（上海）

5.4.3　错位类型

错位有不同的类型。有的是轴线错开，即同一个地方错开；有的是左右错开，曲折如扇；有的是乱形错开，并不讲究对位关系。在错位的节点，也有放小品的，更显丰富多彩（图5-4-8~图5-4-11）。

图5-4-8 错开加材质　　图5-4-9 左右的错开　　图5-4-10 乱形的　　图5-4-11 错开加小品
变化　　　　　　　　　　　　　　　　　　　错开

5.4.4　错位特例

错位表现为踢面高度及踏面平面尺寸一致，但踏面标高渐变为弧形（图5-4-12~图5-4-14），即变坡表现在从正立面看，台阶踏面沿长度方向是曲折的，但上下各级形态一致。这时阶梯轴线坡度不变，只是左右位置上的坡度轴线错了。这种台阶较为少见，但特征极明显。

有时为了阶梯的美观，踏面标高设计为直角形突变，踢面尺寸一致，构成小尺度的错位。这种情况可作为地面材质色彩的一种变化，希望尽量控制级差在20mm之内，避免拥挤时跘足跌倒（图5-4-15~图5-4-17）。

5.4.5　小型阶梯

家庭单人楼梯，也有这样左右错开踏步的汀形台阶，或者是错开的防滑木踏足条款式，非常讨人喜欢（图5-4-18、图5-4-19）。

在庭院等内向空间，还有"条形台阶"的设计。阶条有的是水平的；有的是倾斜的，渐次伸长但坡度一致，可以行走，但主要是一种地面立体纹理装饰（图5-4-20）。

图5-4-12 巴塞罗那对角线公园

图5-4-13 横向变坡的台阶

图5-4-14 踏面沿长度曲折

图5-4-15 尽量不布置在人流密集处

图5-4-16 减少错位级差高度

图5-4-17 宜做材质色彩的变化

图5-4-18 室内错位小梯（长、短板）

图5-4-19 交错防滑条（泰）

图5-4-20 阶条的地坪纹理

5.5 错步台阶

5.5.1 交错变化

阶梯中部分踢面有标高变化，踏面宽度也随之适应，阶坡不变（图5-5-1）。这种变化可以分区段交错，也可以是一个点交错。踢面的变化常加出1级错步，按使用和造景需要，有时也有多至2～3级错步（图5-5-2~图5-5-4）。

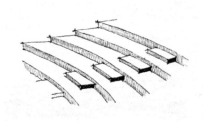

图5-5-1 错步台阶

图5-5-2 分段交错的观众台

图5-5-3 交叉中形成运动路线

错步最好依据台阶模数，如果不能，最好在错缝处断开做排水沟、矮墙等（图5-5-4~图5-5-5），避免交接的不顺和外形上的尴尬。

图5-5-4 点状交错加1级错步，方便行人行走

图5-5-5 依据阶梯模数做错两步

图5-5-6 错缝处断开做水沟

5.5.2 台地挡墙

级差地形中人行的平台和挡墙，经常使用错步台阶。这时希望台、阶或梯能有共同的模数，使步幅一致便于行走和交替；对于左右的交错，希望走向明确，同时也整齐美观（图5-5-7、图5-5-8）。

台北复兴公园在草坡挡墙之间插入错高踏步，解决草坡挡墙与道路交叉的高差，形成错步台阶，也是草坡中一条交通线（图5-5-9）。

图5-5-7 交叉的错步

图5-5-8 花坛和平台的加级

图5-5-9 草坡挡墙中自然形成错步台阶

5.5.3　建筑入口

建筑入口也可见错高踏步。当然这里是指一段，多向台阶也常采用相同的阶坡，不同的踢踏面，以适应不同的使用者（图5-5-10、图5-5-11）。

图5-5-10　规整的错步入口（希腊大学城布拉特美术馆）　　　图5-5-11　景观建筑的左右错步入口

5.5.4　园博实例

青岛园博会多处采用不等距、交叉的错步，形成富有韵律变化的台阶广场，成为一个单独的景点，这是目前使用最广泛的阶面变化形式（图5-5-12）。

图5-5-12　前后交叉的错步，使立面有交叉，富韵律，多层次

5.5.5　景观广场

错步台阶有几种级高，非常适合阶面作坐凳、花坛、看台，在阶梯中形成高低交错的韵律，产生迂回曲折的交通线，组合这些元素观点，甚至可形成景观广场（图5-5-13）。

这几种级高的设计在其他地方也可见到。例如厦门鼓浪屿原码头，同一个地点有斜坡、高阶及低阶（没有变坡），但是各行其道并不交叉（图5-5-14）。

图5-5-13　错步加乱形下沉广场，建于2012年（设计者：艾未未、赫尔佐格-德梅隆）　图5-5-14　几种级高的码头

5.6 斜形台阶

5.6.1 构成

当绿化或建筑基地为非规整外形时，台阶与边界斜交，对角线造就了斜形台阶（图5-6-1）。斜台阶直行时须侧跨配合，像螃蟹横行，会给使用带来一些不便，但避免了一蹴而就，让人趣味盎然，留下移足注神之念。

对园林来说，因为景观设计多曲折，这种情况是经常发生的。要点：一是选择铺装交接的界面，斜交或直交，造就不同阶型（图5-6-2）；二是如果仔细砌筑，侧移也可以有规律地进行，如增减一个级宽或级高；三是同时注意两边绿植和山石，高低进退，会使斜向更为扑朔迷离（图5-6-3、图5-6-4）。

图5-6-1 斜形台阶

图5-6-2 选择铺装交接的界面影响阶型

图5-6-3 景观化处理斜台阶　图5-6-4 两边的种植和山石

5.6.2 斜阶

斜台阶历来就有，建于1831年，由约翰·伦尼设计的英国伦敦桥就有采用，但由于"斜"且"陡"（190mm×300mm），常有人在此"失足"。上海静安寺久百大厦大门甚为典型，由上向下俯瞰可清晰看到台阶偏向一侧（图5-6-5~图5-6-7）。作为公共建筑的主要入口，这个台阶是有个性的。

这种情况下，阶面石多数方整，只首末块异形，只有企图以缝线加强斜感时，每块石才均用较费料的斜形（图5-6-8、图5-6-9）。对于凸起软质外沿，最好有"垂带"收边（图5-6-10）。

　　　　　　　　　　　　　　　景观设计中的垂直交通——阶、坡、梯

图5-6-5 静安寺久百大厦斜向台阶　　图5-6-6 状如斜移的入口　　图5-6-7 俯瞰之下斜感剧烈

图5-6-8 阶斜石缝直　　图5-6-9 阶斜石缝也斜　　图5-6-10 "垂带"收边

5.6.3　注意事项

"斜形"系指阶之总平面呈平行四边形，阶面仍正常规整。景观设计时因路径平面曲折，与规则式建筑、广场交接，需依轴线调整台阶走向，避免过多的斜交阶线；同时调整地形，避免阶缘出现不安全及不美观的尖锐角（图5-6-11、图5-6-12）。

有些时候，斜向的踏面因为步距变化，也会带来一点横行的感觉。在景观中，斜向地形常处理为宽平台转折台阶，使走向、视线都发生变化，不过在人流拥挤处不宜采用。

图5-6-11 避免出现尖锐角，不好看也不安全　　图5-6-12 斜交线要弱化处理

5.6.4　斜形平面

以上所述，台阶平面为平行四边形。当台阶边缘，即平行四边形之斜边为左右反对称时，台阶平面呈梯形，上小下大或上大下小。这是变异之一。此时阶形是左右对称的，当设计依中轴取其左或右一半时，

平面为单边斜交，这是变异之二。三亚小东海景点依山建造一座大台阶，是变异一，引导人的视线仰望，也适合地形（图5-6-13~图5-6-15）。

实际上这一类型仅是台阶平面的变异、应属于5.1节变形台阶之一种，虽然台阶边缘有5.6.3的情况。因此本节的要点是行人动线与台阶斜交（图5-6-16）。这种阶形从景观上说有"迎人拥抱状，从交通上说则是不平衡的。

图5-6-13 仰望上苍（三亚）

图5-6-14 梯形平面

图5-6-15 斜交节点

图5-6-16 梯形平面台阶

5.7 踏步坡道

5.7.1 坡阶

微斜的踏面加上低矮的踢面，形成一种介于坡与阶之间的中间类型，简称"坡阶"（图5-7-1）。它解决通道的陡缓，又保持节奏感，阶坡对比，循序渐进。它可看成是斜坡踏面加低矮踢面的台阶（图5-7-2~图5-7-4）。

这种类型国内外都有，可以减少坡地长距离跋涉时跨越阶梯之劳顿感觉，也减少长坡跌倒翻滚的危险，无锡寄畅园廊道即属于这种类型（图5-7-2）。我的老家鼓浪屿全岛无车，在地形起伏的沥青街巷，常见窄巷坡阶纵横交错。唯一例外是侵华日军曾用三轮摩托，在坡阶上横冲直撞（图5-7-4）。

实际上很多草坪台阶用的就是"坡阶"的原理（图5-7-5），很多的螺旋、弧形阶梯用的也是"坡阶"的"阶+坡"设计，甚至可让人稍作停留，如旋梯（图5-7-6）。

图5-7-1 踏步坡道

图5-7-2 园林中的阶坡，室内设计略不同

景观设计中的垂直交通——阶、坡、梯

图5-7-3 市政阶坡（德国）　图5-7-4 人行坡阶（厦门）　图5-7-5 草坪类坡阶　图5-7-6 中间稍停类型

5.7.2 路径

坡阶在"路阶"中最常见。设计要点是：在弯道和旋梯处，踢面要均匀分布，形成有规律的坡降；阶坡材料之粗细，决定于台阶所处环境，更决定于坡度陡缓；使用透水透气的散材，要用块料做踢面，避免坡降混乱。这是一种"亲民"但"低调"的台阶（图5-7-7、图5-7-8）。

图5-7-7 质感由细至粗变化的块石廊道　　　　图5-7-8 大小弹街石为踢面

5.7.3 做法

当地形坡度较缓时，可减小踢面高度，以配合环境（图5-7-9），一般用1级踢面；当地形较陡时，一段可以有2～3级踢面（图5-7-10）；个别地方，踏面较为宽敞，可见到踏面在靠近踢面处变坡放平（图5-7-11）。在弯段，踏面较陡需排水防滑（图5-7-12）。

图5-7-9 地形较缓时的做法　图5-7-10 地形较陡时的做法　图5-7-11 踏面有变坡　图5-7-12 弯道须防滑

5.7.4 设计

1. 坡度

一般在1/8左右，要顺应地形调整。美国规定为不大于15%。此时的踢面高约10~20cm，常取下限（图5-7-13）。

2. 步幅

要考虑踏面步幅，当踢面高0.12m时，踏面宽可取0.6m或其倍数，按所需坡度决定。步幅0.3~1.2m，中间步幅取0.6m。

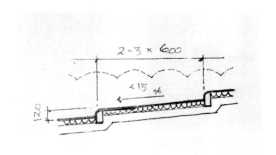

图5-7-13 坡阶示意图

当步幅小至台阶的踏面宽以下时，有坡和阶结合的形式，但没有在平坡面行走的感觉，也可理解为"礓磋"和"坡阶"中间类别——有较突兀锯齿的坡道，如上海青浦一座放生桥，该桥面由三部分组成。引桥部分由30~40cm宽踏面、7~8cm踢面组成，进入桥身踏面至750cm左右；桥顶平台为雕龙石刻。全桥粗石纹理，甚为壮观（图5-7-14~图5-7-16）。

图5-7-14 放生桥正面

图5-7-15 由二种踏面组成

图5-7-16 桥顶面装饰板

3. 踏面

园林坡阶，经常以块料为缘，内填杂料，但内外必须融洽。

当需要考虑通行手推车、行李车时，往往要降低踢面高度以减少顿挫。但不论坡度如何，"坡阶"不能代替无障碍通道。

5.8 阶梯色彩

5.8.1 标新立异

灿烂立异的色彩、标新立异的构思是景观阶梯的重要特征，让人过目不忘。

阶梯的层变和坡向造型，配合淡妆浓抹的色彩，产生了表现、解决高差的色彩空间和氛围。景观设计中这种元素并不局限于阶梯构件的色彩，而是着重于色彩空间的形成（图5-8-1）。

景观设计中的垂直交通——阶、坡、梯

图5-8-1 彩色并不局限于阶梯构件，而重于色彩空间的形成，甚至可能是纯色空间

5.8.2 色彩形成

园林阶梯的色彩，有时是由环境形成，是自然景物和时空的集中映照，有的甚至以色命名，有的是阶梯材料的天然质感，有的是绘画、雕塑、造型所产生，总的要求是新颖、适用、持久（图5-8-2~图5-8-4）。

图5-8-2 环境所形成　　图5-8-3 各种材料的天然质感　　图5-8-4 绘画、雕塑所产生

5.8.3 色彩功能

一是景观艺术所需要的装饰色彩，阶梯中色彩具有明显的导向性。

二是安全提示。路中的台阶，常在盲道、阶线、踢踏面处变色，即提示高差转换。重点地点应加上警戒色（图5-8-5~图5-8-8）。

图5-8-5 导引　　图5-8-6 醒目　　图5-8-7 提示　　图5-8-8 警戒

5.8.4 设计要求

下面5个要点供参考:

（1）孕育于自然之中的阶,色彩要融于境、材之中,而非独立于其外（图5-8-9）。

（2）作为接近地面的垂直交通阶梯,色调大体多取自然、稳定、低调（图5-8-10）。

（3）苔藓、落英、阴影,配色要随之配合,重于情而疏于形,但环境不可过于单一（图5-8-11）。

（4）作为立体景观的局部,色变多在踢面,有时踢面甚至成为画布。而踏面宜朴实低调,以免干扰行人（图5-8-12）。

（5）处于自然环境中的阶梯,受气候、季节、植被影响,安全至上,和室内台阶的要求不同（图5-8-13）。

图5-8-9 色外厉而内敛（兰州白塔山） 图5-8-10 自然稳定色

图5-8-11 重于情疏于形 图5-8-12 踢面多变 图5-8-13 喧宾夺主

5.8.5 位置示例

用色要因地而宜,下述几点供参考:

（1）汀型台阶。点状台阶重在踏面的突出,防误判踏空（图5-8-14）。

（2）室内常用。两侧旁常变色成带,配合栏杆、防滑条,中段按建筑要求（图5-8-15）。

（3）窗下台阶。充分发挥自然光效果,踏面与踢面对比,突出错步变化（图5-8-16）。

（4）封闭空间。除了一般交通照明,还要加强氛围的形成（图5-8-17）。

（5）长途路阶。塑造平台的景观,每段首末设警示色,避免长途懈怠失足（图5-8-18）。

（6）宽阔路阶。短阶多是上下场、台的延伸,过长者多用色带分隔变化（图5-8-19）。

图5-8-14 汀型台阶　　图5-8-15 一般室内阶梯　　图5-8-16 窗下阶梯　　图5-8-17 封闭空间创造氛围

景观设计中的垂直交通——阶、坡、梯

（7）公共建筑广场。追求气势恢宏，常用对比色及标志、导向、灯具和小饰件（图5-8-20）。

（8）入口台阶。景观、建筑、小品、广场，有以色彩强调出入口之台阶（图5-8-21）。

以上8类向外扩展之造型平台，往往是一个景点，色彩浓淡要与总体协调。

图5-8-18 长途台阶　图5-8-19 宽阔台阶　　　图5-8-20 浓妆的入口台阶　　　图5-8-21 阶梯之间造型水池（迪拜）

第6章
造景元素多

平面的交错，层级的起伏，在阶面上诞生了树穴、花坛、顽石、流水、挡墙、坐凳兼看台，突显了景观台阶天然优美的特点，为室内梯道所不及。

6.1 阶中的植物

6.1.1 板面留白

踏面中，前为径石，后留植栽，有统长，有点布，还要避开行走践踏，重在硬中有软，粗中有细（图6-1-1、图6-1-2）。

图6-1-1 台阶中是整齐的花坛，色彩缤纷

图6-1-2 台阶中是天然的野草，落叶知秋

6.1.2　阶中植树

宽阔的台阶设带布绿，有时是在轴线中间，有时是在轴线两侧。各种长短、高低、宽狭的台阶，花坛都能找到合适自己的位置（图6-1-3~图6-1-8）。

植树之地，有带也有点，有穴也有台，时规则时自然，不拘一格。台阶中种树，中外皆有，貌似随意实须费心（图6-1-9~图6-1-13）。

在商业、办公等要道前，要着重考虑运行环境，以花坛为导向，组织人流，可打破一片不毛之地的枯燥（图6-1-14）。

图6-1-3　邓小平公园碑前自然绿化

图6-1-4　阶中规则花坛

图6-1-5　两侧绿地（越南）

图6-1-6　末端花坛

图6-1-7　宽阶台分段

图6-1-8　高坛做边　　　　图6-1-9　单边成带

图6-1-10　多条绿篱

图6-1-11　乱形方格

图6-1-12　留穴种苗（日本）

图6-1-13　留穴种苗（中国）

图6-1-14　在商业、办公、体育、娱乐建筑前着重组织人流，打破枯燥

在特殊的时候，更有设计艺术造型，自上而下，婉约如飘带飞逸在阶上，成为阶梯面上的一幅图画（图6-1-15）。

图6-1-15 锈板花坛成为艺术造型

6.1.3 阶内地面

梯下三角形空间可设计花卉、灌丛、水池、小品。这是景观化阶梯极常见细节，也常是阶梯单调空寂与充满灵气的分界（图6-1-16~图6-1-18）。

图6-1-16 梯下空间的充分利用   图6-1-17 梯下墙面利用

图6-1-18 旋阶利用部位与室内绿化

景观设计中的垂直交通——阶、坡、梯

图6-1-19 梯下垂悬绿化　　　　　　图6-1-20 台阶在花坛中穿插　　　　　图6-1-21 天井中花坛

入口梯侧、平台、栏缘布置花坛、盆栽及垂直绿化。在室外则反过来，表现为台阶在花坛绿地中穿插（图6-1-19~图6-1-22）。

图6-1-22 旋梯中心的水池、花台

6.2　阶外的绿化

6.2.1　侵入阶面

两侧落叶花草入侵阶面，苔藓履迹中，为情调之所在（图6-2-1）。

图6-2-1 两侧花草入侵阶面

6.2.2 形成甬道

花坛、矮墙、棚架……，或下垂、倒挂、垂直、攀缘，造就阶梯整体立体景观，使阶梯不但是景观中的垂直交通要素，还成为绿丛中的花境，棚架下的绿道（图6-2-2~图6-2-5）。

图6-2-2 阶梯花境　　　图6-2-3 阶梯框景　　　图6-2-4 阶梯甬道　　　图6-2-5 阶梯绿墙

6.2.3 摆设盆栽

摆设盆栽可以起到临时的装饰效果，创造节假日氛围，指示走向，强化节奏，尤其是重点、逼仄的地方，有时也可以用作分界点（图6-2-6~图6-2-10）。

图6-2-6 两侧　　　图6-2-7 大门　　　图6-2-8 入口　　　图6-2-9 矮墙　　　图6-2-10 广场

6.2.4 组织空间

阶外绿化可形成台阶的空间，组成浓荫蔽日的"树道"。因此在选址时要十分重视大树、名贵树的保护和利用（图6-2-11）。

图6-2-11 阶外绿化组织台阶空间

6.2.5 内外"勾结"

本章前所述各种元素，应用时应相互参差配合，形成整体环境。甚至有的时候，台阶几成"甬道"（图6-2-12、图6-2-13）。

图6-2-12 内外配合

图6-2-13 几成甬道

6.3 凳、径、台、灯、雕

6.3.1 台

这里指台阶广场、露天舞台，台和阶是相辅相成的。台高适用于坐，台低适用于行，一般阶高为台高的模数。有时用于坐的会在阶上铺垫软性材料，以增舒适性并区分动线（图6-3-1~图6-3-4）。

图6-3-1 广场台和阶

图6-3-2 两边上下

图6-3-3 第一排贵族用

图6-3-4 平台坐凳

6.3.2 凳

椅凳可在一个低位阶面形成，也可依托挡土墙等，可以是固定的，也有临时的，以使台具有多种用途（图6-3-5~图6-3-8）。

图6-3-5 园石坐凳

图6-3-6 临时椅凳

图6-3-7 台有铺垫

图6-3-8 依托挡墙

6.3.3 道

椅凳、看台可以乱形、临时，但人行通道的位置必须有明显的方向指示（图6-3-9~图6-3-11）。

图6-3-9 通道位置关系到使用便利和安全　　　　图6-3-10 自由　图6-3-11 指示小品
　　　　　　　　　　　　　　　　　　　　　　　　分布

6.3.4 具

灯具、旗帜、标志等，不但可提供照明、标志，而且让阶、梯、坡景观立体化、空间多样化（图6-3-12~图6-3-15）。

图6-3-12 传统枝形灯具　　　　　　　　图6-3-13 造型地灯　　　　　　　图6-3-14 艺术LED

图6-3-15 标志化制高点、旗帜、标志

6.3.5 雕

雕塑在阶中作为一种元素，有大有小，有平面有立体，依托高差，或仰望，或远眺，有画龙点睛的效果，其中以高迪设计之造型最负盛名（图6-3-16、图6-3-17）。

图6-3-16 西班牙圣家族教堂台阶镶嵌、造型

图6-3-17 教堂踏步标志

6.4 阶梯的装饰

6.4.1 阶梯入口

我国传统台阶入口前常见坤石、狮子、灯笼等等。这是一种装饰、标志，好像看到桥栏的狮子，就想到了卢沟桥一般。当然其他国家也有自己的习俗。这种约定俗成的装饰，为人民所喜闻乐见（图6-4-1~图6-4-3）。

西式传统建筑正面、大厅多雍容华贵，装饰繁花似锦，台阶作环抱状而上。室外台阶多见奖杯花钵、酒瓶栏杆、人面狮身等，小至一个石凳的造型、线脚，各具异域奇趣。这些饰品沿用至今（图6-4-4~图6-4-10）。

图6-4-1 中国的看门狮子、坤石　　　　图6-4-2 泰国常见的狮子　　　　图6-4-3 日本的灯座

图6-4-4 巴塞罗那尖塔台阶　　图6-4-5 维也纳美泉宫花园酒瓶栏杆　　图6-4-6 美泉宫奖杯标志　　图6-4-7 宪法广场花钵台阶

图6-4-8 西式传统建筑（威尼斯广场）　图6-4-9 西式传统建筑大厅　　　　图6-4-10 东南亚阶梯入口

　　景观性阶梯常在阶梯入口处作装饰。美国国家美术馆的简洁，西班牙圣家族教堂的写意，泰国阶梯的怪异狰狞，形成不同的风格潮流。与交通性阶梯的力求合理、简洁不同，这里两种阶梯的差异，昭然若揭（图6-4-11~图6-4-13）。

图6-4-11 美国家美术馆后门　　　图6-4-12 叙利亚　图6-4-13 泰国阶梯的龙首金爪
　　　　　　　　　　　　　　　　雕像

6.4.2　阶梯中间

　　我国宫殿寺庙台阶中段，有五爪蛟龙等镂雕石刻，称御路。后来重要建筑、广场也有在坡面、垂带上加浮雕装饰，表达设计者的理念的做法，布置好了，也会使中轴突出，意向鲜明（图6-4-14、图6-4-15）。

图6-4-14 泰州端庄的文会堂，堂前用栏杆保护浮雕　　　图6-4-15 鲜明的左右阶踏跺

　　景观建筑也可偶遇这种做法，如台北、澳门某些公园；但这种手法使用的程度要适当，处理好传统与创新关系，"写实"不如"写意"，否则很难有时代感（图6-4-16~图6-4-20）。
　　上海人民广场和旧上海市政府（现体院），两者都使用类似的手法，但时间间隔有半世纪之遥（图6-4-21）。

景观设计中的垂直交通——阶、坡、梯

图6-4-16 巨大和伟大（中国台湾）　　　　　图6-4-17 分段的御路浮雕　　　　图6-4-18 表现内涵的浮雕（澳门）

图6-4-19 在阶一侧的说明（厦门）　图6-4-20 仿古的浮雕

图6-4-21 公共建筑前的主要台阶，用御路来装饰（上海）

　　另外也要考虑维护和安全。如上海城隍庙"御路"入水，只好"垂帘听政"；弧形台阶上御路，只好任人踩踏；采取同样手法做缓坡，要做到"古为今用"（图6-4-22、图6-4-23）。

图6-4-22 不严肃也不安全　　　图6-4-23 台阶入水

6.4.3 梯脚装饰

梯脚是阶梯开端、栏杆稳定的支撑点。在华丽阶梯最下面几级，平面常扩大、踏面外延转折形成梯脚，可安置照明、装饰、雕塑（图6-4-24~图6-4-26）。一般的阶梯，以实用为主，切勿炫富。

图6-4-24 阶梯最下面几级，平面常扩大，踏面外延形成梯脚

图6-4-25 梯脚是栏杆支撑点　　　　　　　　　图6-4-26 过分夸张和简陋

6.4.4 阶梯上空

大厅上空可悬挂吊灯、彩旗、广告、锁链、装饰物。这些装饰虽不一定是阶梯的一部分，但对景观阶梯的氛围有举足轻重的作用（图6-4-27、图6-4-28）。

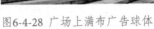

图6-4-27 阶梯大厅上空悬挂吊彩灯　　　　　图6-4-28 广场上满布广告球体

6.5　顽石的点缀

6.5.1　点布

错步配合，石景夹阶，或左右置放顽石，使阶缘自然化（图6-5-1、图6-5-2），但宜与环境匹配，成为一个提示，一种象征，最典型的要数常热虞山公园大门台阶，布石既是长阶的点缀，又说明公园所在地（图6-5-3、图6-5-4）。

图6-5-1　阶中点石

6.5.2　开山

必要时逢山开石，注意留下岩痕，并加记载说明让人怀旧遐想，如澳悉尼某景点（图6-5-5）。现在见很多地方设计川形乱石，意在造就、呼应卷起千重浪的水姿（图6-5-6~图6-5-7）。

6.5.3　标志

以景观石作为提示、标志、山门、对比装饰，常放在压顶和收尾处。这种手法历代园林都有，沿用至今，在现代小品、公共建筑的阶中、阶末，醒目、润色、点题（图6-5-8~图6-5-13）。日本造园用石十分在意，每料必具名，反复推敲摆布，精益求精，令人叹为观止（图6-5-14）。

图6-5-2　块石收头　　　　　　图6-5-3　石中点石　　　　　　图6-5-4　常熟公园大门

图6-5-5　劈石留下痕迹（悉尼）　图6-5-6　巴黎马　图6-5-7　分散水流（长沙）
丁·路德·金
公园点石分散

图6-5-8　传统园门　　图6-5-9　石桥末级　　　　　图6-5-10　阶中怪石　　　　图6-5-11　巨石点题

图6-5-12 妙在对比　　　　　图6-5-13 山门　　　　　图6-5-14 每石必反复推敲摆布（日本）

6.6　流水的缠绕

6.6.1　传统流水

西洋传统园林雄伟华丽的溢水、喷水池，常有台阶层层叠叠与之配合。有时是以水池为主体，有时是以阶面为主体，占据中央位置。从汹涌澎湃到涓涓细流，都为表现园林建筑的一种气势，体现一种风格（图6-6-1、图6-6-2）。

图6-6-1 以水池为主体的西洋传统园林　　　　　图6-6-2 台阶为主体（俄罗斯）

6.6.2　面形流水

这种以水为媒的手法，在稍具规模的公共建筑经常可见。台阶从中间入内或两面环绕，跌水喷泉配合，立面开展、气势磅礴（图6-6-3、图6-6-4）。近午还有采用喷雾技术的，使跌水更飘逸，还有降温作用。如厄瓜多尔Pailon del Diablo大瀑布旁之台阶，常年处于水汽迷茫中。

6.6.3　线状流水

线状水如涓涓细流，沿台阶自上而下，出入水口各有妙趣横生奥秘设计。水线有的在阶面，也有的在阶畔，曲直盘缠，极具情调。

景观设计中的垂直交通——阶、坡、梯

图6-6-3 以跌水配合台阶为主立面的景观

图6-6-4 水面和台阶处于同一平面高度

我国传统水石缠绕常见自然式，现代则多为规则式跌水（图6-6-5）。

6.6.4 川流实例

西班牙高迪奎尔公园在阶面中留出一缕跌水，形似层叠而动感不同，配合特殊的雕塑造型，可说三者合一，出类拔萃（图6-6-6）。

6.6.5 水池构造

水池可以设在台阶平台，也可内外呼应，但务

图6-6-5 各种款式的线状流水

必要重视水滴石穿的基土沉降。填土上阶梯做点状的、自然形式的水池较为适宜，用柔性防水材料。做片形、规则式的水景代价太高，不宜提倡。

如果台阶的高差较大，应各自集中，水阶结构分离（图6-6-7）。如果台阶的高差不大，水阶应合二为一，结构统为一体（图6-6-8）。

图6-6-7 水阶分离，各自集中

图6-6-6 奎尔公园阶面—缕跌水，形式颇为奇妙

图6-6-8 水阶共体，交叉统一

景观设计中的垂直交通——阶、坡、梯

Chapter 07

第**7**章

选适宜材料

台阶、坡道的景观形式、质感、风貌与阶梯、平台、上下地坪的选料、砌筑是紧密相关的。

7.1 自然阶

7.1.1 成形

自然阶是天然坡地经人工挖掘、修整所形成的台阶。自然台阶最大优势在嵌砌壤土之中，不影响原生态，草蔓入侵，与自然融为一体，尤以人迹较少处常见（图7-1-1）。

图7-1-1 选地掘土，铺石为阶

7.1.2 凹凸

在脊设阶，容易暴露锯齿形的侧面，两端宜种灌木隐蔽，以求美观和安全，表示为凸出。在谷设阶，要注意地面排水，勿成汇水线，暗示为体形凹入。人迹常到处，局部辅以硬质铺砌，增加土、草阶坡的耐久性，但人工味较浓郁（图7-1-2、图7-1-3）。

图7-1-2 台阶吐出暗示砌筑，暴露侧面锯齿形（安亭公园）　　图7-1-3 收嵌暗示挖掘，但勿成汇水线（静安公园）

7.1.3 镶嵌

在阶缘用硬质材料使阶与草坡分离。绿地中的阶坡，如果做了侧墙（垂带），除了挡土和易于修剪草坡，在地面有沉降时，可掩饰阶坡基层侧翼（图7-1-4）。实际中常在人多地方用硬质材料，人少地方用草坡，达到整体持久的目的（图7-1-5）。景观上的各种形式，有时是配合，有时是独立的，有时是连续的，有时是断续的（图7-1-6）。

图7-1-4 垂带与草坡对比

图7-1-5 人多处筑阶　　　　　　　　　　　图7-1-6 独自成景和断续的趣味

7.1.4 草坡

因为纯粹的草坡不耐践蹈，把草坪作为坡道来使用不易稳定。人行繁忙处宜在草坪中逐级升降，嵌以石料，做成"草地坡阶"（图7-1-7~图7-1-10）；或者在草坡边缘辅以石阶、石汀（图7-1-8、图7-1-9）。上下平台加入砌筑，可集散停留，也延缓草坡被践踏损坏。

注意草地坡阶有部分植被是天然的，有部分是人工栽植的，如蕨类植物，甚至可从缝隙中逸出。读者应该明白野草烧不尽的强大生命力，尽力加以利用。

7.1.5 交织

如果把草坪作为一种铺装材料，那么草石镶嵌交织就有"软硬兼施"的优势，不但色彩配比好，而且行动质感也好（图7-1-11）。

图7-1-7 草地阶坡　　　图7-1-8 逐级升降　　　图7-1-9 平行的石阶　　　图7-1-10 嵌入石汀

图7-1-11 三亚万科楼盘环境

　　　　　　　　　　　　　　　　　　　　景观设计中的垂直交通——阶、坡、梯

7.2 木阶梯

7.2.1 原木扶梯

因木材耐久性不良，遗留的室外阶梯不多，从攀爬树干、独木削阶，到枝条绑扎，发展到原木扶梯（图7-2-1）。在20世纪50~60年代，张家界还见得到巨树削口为阶（图7-2-2）。

图7-2-1 枯枝踏级上渔舟　　图7-2-2 原生态竹木梯

7.2.2 活动扶梯

，是最灵活最简便的。竹梯宽0.4~ 0.5m，踏杆距0.4m，常见长5~6m，选笔直毛竹为杆，踏棍需伸入杆中并钉竹销（图7-2-3）。

现虽流行合金材料，室外活动梯仍常见竹梯，室内家庭活动梯以木质为温馨亲切（图7-2-4）。此类小扶梯、旋梯都有成品供应（图7-2-5）。

图7-2-3 活动的竹梯　　图7-2-4 室内木梯　　图7-2-5 活动收缩梯

7.2.3 加固土阶

因为自然土不耐久，最简易是以木材加固，有两种做法。

一是以密排木桩为踢面，桩后填土成落地台阶。木桩长0.5m，入土约为外露的2/3。施工中常在桩后填土下设一连系杆，以保持阶缘整齐划一，桩体在填土上之外露面需修饰统一（图7-2-6、图7-2-7）。

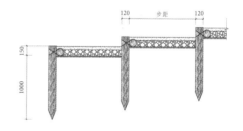

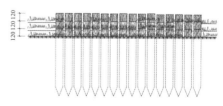

图7-2-6 原木为唇固定木桩　　　　图7-2-7 原木桩密排为阶

二是以竖木为桩，横檩为踢面，后填土成台阶。既节约又具非常浓郁自然风土味，中外园林常见。横木踢面直径自70~130mm（分上下1~2层），木桩同上或略大。注意桩入土部分需防腐，土上部分防跣足（图7-2-8~图7-2-15）。

7.2.4 木枋阶梯

以实木为阶，有厚重朴实感。如铁道之枕木，过去常用桧木、栗木。实木砌阶，一要防腐，二要疏水，因此下要垫以粗砂碎石。

以上木阶梯选材之表皮、粗细对犷悍、细腻的质感有很大关系。在城市繁华世界，有时一座实木阶梯，很会引人怀旧遐思。余在日本六本木见过这样的精心设计，枕木左右并不等长（图7-2-16、图7-2-17）。

图7-2-8 原木为唇

图7-2-9 枋木为唇

图7-2-10 陡坡灰土填缝

图7-2-11 砂土缓坡稀枋

图7-2-12 单木多桩

图7-2-13 木桩螺旋固定图

图7-2-14 两端木桩固定

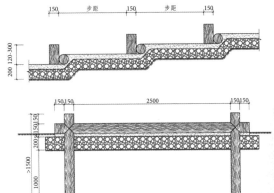
图7-2-15 以竖木为桩，横檩为踢面，后填土成阶

图7-2-16 实木之阶，自然生态
（樱阪公园）

图7-2-17 左右错步，穿插草藤
（樱阪公园）

景观设计中的垂直交通——阶、坡、梯

7.2.5　木板阶梯

指用不大于5cm厚木板及其他仿木为面阶梯，木（钢）龙骨支持在砖、混凝土、木柱（墙）上，也有的落地在混凝土或碎石铺装面上。防腐木（竹）栈道基本上是木坡道、木阶梯和木平台的巧妙组合（图7-2-18、图7-2-19）。这种设计从规划时要避免滥用，从技术上要透气透水。

图7-2-18　防腐木厚板台阶　　　　图7-2-19　防腐木（竹）薄板台阶

7.2.6　仿木之阶

因为木阶自然朴实，现在有各种仿木做法，如砂浆、GRC、压模，优者几可乱真（图7-2-20、图7-2-21）。

海南三亚槟榔谷有座大舞台，以仿木桩在石阶上做座位。一个个圆墩依次上下排列，也蔚为壮观（图7-2-22）。

图7-2-20　枋内可微低，　　图7-2-21　竖桩以不影响行走为要　　图7-2-22　仿木园墩
填沙砾或粉刷

7.2.7　各种木梯

室外木阶以挪威Florli发电站720m长、4444级台阶为世上之最（图7-2-23）。我国敦煌沙漠用的也是木梯（图7-2-24）。室内木阶从小型、家庭、多样扶梯到豪华木楼梯，以木质表现温馨、亲切、传统。但木材来于自然，从环保生态持久上考虑，更适于停留、架空、轻载等地段，并非即用即灵，也不须追求世界纪录（图7-2-25）。

图7-2-23 挪威720m长台阶　　图7-2-24 沙漠木梯（鸣沙山）　图7-2-25 使用不当失去特点，也不美观

7.3 石阶梯

石阶的构成方式、表皮的加工深度，对景观面貌和使用有很大影响。

7.3.1 凿石为阶

凿石为阶甚为艰辛（图7-3-1~图7-3-4）。最近电视播放"爱情天梯"故事，说重庆江津一对夫妻为避世俗流言躲进深山老林，男子在悬崖绝壁凿6000余级石阶方便妻儿出入，演绎出一段旷世奇恋。

图7-3-1 古道（黄山）　　图7-3-2 凿岩（泰山）　　图7-3-3 攀峰（普陀山）　　图7-3-4 削山（叙利亚）

从攀爬自然石到凿石为步，至今展迹犹存。凿石当然要因势利导，有时这种天然台阶会非常垂直，创造出惊心动魄的景观面貌（图7-3-5~图7-3-6）。我国黄山、泰山、华山都有这种天然石阶。当然这里有很多"犯规"的地方，设计要从实践中来，回到实践中去，不能闭门造车。这里包含景观设计的一个重要特点：深入现场，联系实际。（详见附录A）。

图7-3-5 石阶下溪　　图7-3-6 利用谷线设阶攀登

景观设计中的垂直交通——阶、坡、梯

7.3.2 乱石随形

在崇尚自然、淳朴节约的地方，自然形状石块砌筑，更适宜于表现亲近天然的景观内涵（图7-3-7）。善筑者选不同材质、观感、大小材料，融阶于山石绿丛之间，随意间并不显山露水，这是乱形石阶特貌（图7-3-8~图7-3-10）。

图7-3-7 古拙无华的石头记录沧桑年代（埃及）

图7-3-8 圆润单块　图7-3-9 棱角单块　图7-3-10 随心砌筑石阶
石阶　　　　　　石阶

选用块状自然石者，级高应尽量接近，踏宽因材施放。选用板状自然石者，材料借地形由下而上堆叠，不拘一格，但求稳定。有时错乱至极致也是一种美（图7-3-11）。

7.3.3 板料石阶

对石材面板要求：表现石材质感，满足构造强度，节约石材用料。景观设计中的石材板料有观感迥异的两大种类：

一种是自然片岩。用于砌阶，要求是唇口完整齐平，纹理美观，近阶缘要用大料。（图7-3-12、图7-3-13）

图7-3-11 板状自然阶形俯视和立视　　　　图7-3-12 米色乱形板岩，唇口完整齐平，近阶线用大料

图7-3-13 灰色乱形板岩

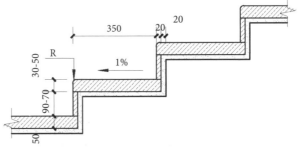
图7-3-14 人工切割石材面板台阶示意

一种是人工切割板材。一般台阶的踏面用厚板（30~50mm）、踢面用薄板厚（20~30mm）即可（图7-3-14）。板材因厚度小，为稳定一般采用混凝土基层贴面（图7-3-15~图7-3-17）。

图7-3-15 中板材踏面阶

图7-3-16 厚板材踏面阶

图7-3-17 踏面板材双色阶

7.3.4 块料石阶

块石整料厚至步高，佳在牢固，有浓郁的憨朴、踏实、厚重感。所选石料、表层加工要求决定观感，古拙简约与精雕细琢皆有，关键要因建筑、园林、室内外而不同，当然也与造价密切相关。整块石料做阶常是大型、重要公共建筑所首选。景观设计普遍选用于路宽人多地方（图7-3-18~图7-3-24）。

图7-3-18 垫脚干砌

图7-3-19 大面修边

图7-3-20 方料修边

块料满布，在详图中块料有上下和左右搭接（20mm）两款，以上下搭接较省料且防渗漏，图示阴影为用料重复部分（图7-3-25、图7-3-26）。

图7-3-21 天然面，水泥缝

图7-3-22 整形初凿面料

图7-3-23 方整边火烧块料

景观设计中的垂直交通——阶、坡、梯

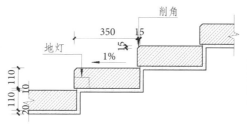
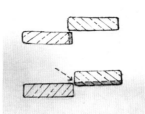

图7-3-24 石料为水泥包裹　　　　图7-3-25 块料石阶示意　　　　　图7-3-26 块料的两种搭接示意

7.3.5　条石台阶

条石是块料的一种，因有传统、平整、少缝的优势，故另辟一节详细介绍。同块料一样，观感决定于选石和砌筑，可自然可规则（图7-3-27~图7-3-29）。粗犷的条石自有其朴实无华的美感，甚至阶中秀草。条石外露两表面加工要求也多有不同，例如踏面细平，踢面做出挑阶唇、线条或天然粗斧面。

窄的台阶，往往用一整块条石；宽约1.0~1.5m（图7-3-30），要分段砌筑。石缝有交错的，也有上下一致的。圆弧形同此，只是长度较小一些。我国历代传袭架空条石的厚度约为长度的1/10。架空的条石支座间距过大，条石厚度超过了一般踢面高度，并不美观，也不合算。

图7-3-27 通用尺寸　　　　　图7-3-28 圆弧形　　　　　图7-3-29 踏面与踢面加工方式不同

图7-3-30 从粗到细的条石台阶，景观效果绝然不同

条石台阶的另一种做法是汀步阶。在倾斜的地面，平放条石可以达到这种"绿丛布白"的效果，汀步阶上下条石并不搭接，不会因台阶而割裂两边绿化（图7-3-31、图7-3-32）。这种做法要求石下基土较好，石下另铺垫层，同时控制汀阶宽。因为是整体块料，一般不易倾斜损坏。

图7-3-31 汀步石条台阶的仰俯视　　　　　　　　　图7-3-32 绿丛布白，汀步台阶

7.3.6 踢面石料

"踢面石料"的第一种做法，是踢面石升高与踏面平，踏面后半部用薄板填充。与上节板料石阶（图7-3-14）不同，此时踢面石料厚实，而踏面石料纤薄，甚至采用填充料加粉刷。踢面与踏面采用两种不同做法（图7-3-33~图7-3-37）。

这种做法很适合坡缓的景观台阶、坡阶，既有变化又避免采用昂贵的整料，而且结构稳定，可自然形成防滑条（图7-3-38、图7-3-39）。在踢面石不稳时，可以加楔锁定（图7-3-40）。

第二种做法，是沿阶缘选大尺寸块料（图7-3-41），阶后填细小料甚至碎料砂砾（图7-3-42~图7-3-44），高要与踏面设计配合（图7-3-45）。此法不但节约，便于排水、透气而且别有风味，适合于园林。

图7-3-33 两种色调　　　　　图7-3-34 两种质感　　　　　图7-3-35 两种材料

图7-3-36 两种纹理　　　　　图7-3-37 踏面后半部分用板材

一般第一种阶缘块料整齐、规则，第二种阶缘块料自然、活泼。

过去块石整料下需夯实基土，垫砂石碎料；现在基土不良时可用混凝土、钢筋混凝土基层。

景观设计中的垂直交通——阶、坡、梯

图7-3-38 条石为级并艺术化（日本）　　图7-3-39 条石后为粉刷　　图7-3-40 踢面石间加楔

图7-3-41 大料在前　　图7-3-42 内填砂砾　　图7-3-43 内填砂土　　图7-3-44 内填碎石

7.3.7 其他组合

其他石材多因地取材（图7-3-46~图7-3-49），如白色石灰石、火山岩、黑色花岗石，各具风采。

几种材料的组合，有时是色彩，有时是纹理，有时是质感的匹配，这种变化往往是纵向的、有主次的（图7-3-50~图7-3-52）。

人造砌块构筑，多数有定型产品，价廉物美，仿石类几可乱真（图7-3-53、图7-3-54）。实际上石、土、木、混凝土、金属等材料往往是有主体但相互配合使用的，例如以木为主，以钢钉联系（图7-3-55）。

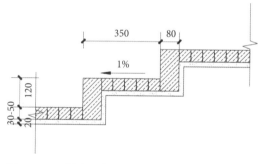

图7-3-45 石料为唇构造示意

图7-3-46 白色石灰石　　图7-3-47 火山岩阶　　图7-3-48 黑色花岗石　　图7-3-49 红砂岩

图7-3-50 光毛差异　　　图7-3-51 组合变化　图7-3-52 多种材料

图7-3-53 人造砌块　　　图7-3-54 仿石踢面　　　　　图7-3-55 混凝土与木组合的台阶

7.3.8　传统石作

我国传统的石台阶称"踏跺""踏道"，各部有严格的称呼和做法，在历代营造法式中有载（详见附录B）。

传统石阶至今仍有很多地方值得借鉴。例如块料的接缝，无论在长度抑或高度方向，传统做法为上下层错缝，交叉互嵌（图7-3-56、图7-3-57）。重要建筑，如天安门、人大会堂等，多用此法。

上下级对缝的节点，是自上而下缝线清晰，施工养护也方便（图7-3-58），在需要表现整齐板块效果时用。

图7-3-56 长向错缝　　　图7-3-57 双层错缝　　　图7-3-58 长向刈缝

7.4　钢阶梯

7.4.1　钢阶梯

从临时爬梯、消防楼梯，到现代的旋梯、电梯、自动扶梯，乃至建筑小品的标志性设计，很多阶梯的结构和装饰离不开精确、高强、易加工的金属材料(图7-4-1~图7-4-4)。

7.4.2 钢板网

网状台阶平台,采用钢构成品网,码头栈道常见,带有行业特征。景观设计取其透视、透水、透气,施工简易,又能营造氛围。其上如铺土工布覆种植土,可成屋顶花园(图7-4-5、图7-4-6)。现用网材包含合金及合成材料。

图7-4-1 巴塞罗那一宾馆内庭梯

图7-4-2 悉尼钢构架空阶

图7-4-3 大厦消防钢梯与垂直绿化

图7-4-4 镜面不锈钢梯

图7-4-5 钢网台阶

图7-4-6 别墅金属网种植台阶

7.4.3 网笼格

以金属、合成材料做笼格,填入石料做台阶、挡墙,优势也是"透",草藤甚至可入缝隙生长蔓延。但笼格要有内或外的稳定支撑,才能显示工业化简洁、统一、明快的效果,同时要防锈蚀(图7-4-7、图7-4-8)。此与水工笼格护坡、驳岸要求不同,只能取其形象局部为之。

7.4.4 金属板

突出金属板材的细薄、挺拔、可镂空、可自由扭曲特点，可以做线条，做边框，做围护。如需突出金属板材的色泽、质感特点，可用锈板（耐候钢板）、铜板、不锈钢板、彩钢板。"铁艺"常用在栏杆上，不锈钢镜面常用在室内。"透"纹理是金属板材可创造的主要特点（图7-4-9~图7-4-13）。

图7-4-7 铁网开口台阶　　图7-4-8 铁网卵石挡墙　　图7-4-9 以折叠钢板为阶面　　图7-4-10 "透" 是金属板材主要特点

图7-4-11 以锈板为踢面及层叠地形之框

图7-4-12 镂空金属板之踏面及立面　　　　　　图7-4-13 穿孔钢板踏面

7.5　混凝土阶梯

7.5.1　基础

混凝土是阶、梯、坡的主要结构材料，有多种形式 ^(图7-5-1)。

当在平地上构造重要的大型阶梯、坡道时，无论架空还是填实，采用钢筋混凝土结构最为适用、经济。

图7-5-1　混凝土是多种形式阶梯的基层

7.5.2　构造

当前景观设计常见争议问题，是混凝土阶梯与地坪、建筑的联系。境外多设变形缝，而境内则因设计者来自不同专业考虑较少。此项实应因地而宜，分别作不同处置。

7.5.3　面材

有多种类的面材可以选择，如清水混凝土面、水泥粉刷面、卵石面、陶瓷面、板材面、卷材面等 ^(图7-5-2~图7-5-12)，要仔细推敲与上下层建筑地坪、园林路径的衔接，一气呵成。如果上下面层相近，以厚度大者为据。凡细小软质材料避免置于交界线附近，其中贴卵石面不易维持，要慎用。

以混凝土为基之石阶，实质上是混凝土阶梯的一种。为叙述方便，归纳于7.3节。

图7-5-2　原色混凝土面　　　图7-5-3　洗石子面　　　图7-5-4　磨石子面　　　图7-5-5　彩浆粉面

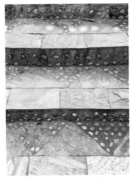

图7-5-6 卵石面
（贴花）　　图7-5-7 卵石面（拼花）　　图7-5-8 斩假石面　　图7-5-9 陶瓷锦砖面

图7-5-10 碎瓷砖面　　　　　图7-5-11 美术瓷砖　　　　　图7-5-12 瓷砖踢面

7.6　砖阶梯

7.6.1　传统

"砖"往往代表传统，是历史元素的继承和传递，如我国的青砖和红砖（图7-6-1）。在芬兰建筑师阿尔托眼中，抽象编织的砖，纹理、节奏、色泽都极有表现力（图7-6-2），其砌筑和我国泰州大纵湖的岸阶，有

图7-6-1 青砖竖砌阶（泰州大纵湖）　　　　　图7-6-2 红砖阶（芬兰，阿尔托设计）

景观设计中的垂直交通——阶、坡、梯

异曲同工之妙。

宁波美术馆则是青砖的世界，台阶和整个美术馆建筑浑然一体（图7-6-3）。

图7-6-3 宁波美术馆的青砖台阶

7.6.2　砌筑

砌砖特点是排列需计算，以符合砖型模数。边界要稳定，适合落地做法，经常采用竖砌（图7-6-4）。平砌有单薄感，需要水泥砂浆固定，但省料，适于边界之内踏面（图7-6-5~图7-6-7）。北方用砖，需防冰霜。

图7-6-4 青砖竖　图7-6-5 青砖平砌阶　　图7-6-6 红砖平砌阶　　　图7-6-7 平竖结合砌
砌阶

7.6.3　砖型

特殊尺寸宜选匹配之转角仿古砖、弧形砖，东南亚、欧洲还有用弧面唇型砖的。采用特殊砖型，可使挑缘加厚、踏面异色、纹理委婉，如巴厘的EBUD台阶（图7-6-8~图7-6-10）。景观设计应广泛了解市场行情规格，斟酌选用。用人行道砖铺砌台阶粗糙少见。在石材道路砌入砖料也不甚协调（图7-6-11、图7-6-12）

图7-6-8 弧形阶唇　图7-6-9 红缸砖双色阶　　　图7-6-10 瓦片竖
面砖　　　　　　　　　　　　　　　　　　　　　　砌阶

图7-6-11 混凝土砖平砌阶　　　图7-6-12 此处用砖并协调

7.7 玻璃阶梯

7.7.1 玻璃应用

玻璃在园林垂直景观建筑、小品中，有用于阶也有用于梯^{（图7-7-1）}。有时是小型阶梯的主要建材，多数着重装饰、宣传效果；虽说并不普遍，但往往在关键亮点处。玻璃阶梯采用需注意安全、防滑、眩光，谨慎使用。

玻璃本身透光感晶莹剔透，透明感如临深渊，装饰感受如魂牵梦萦。流光溢彩的效果，是其他材料无法比似的^{（图7-7-2）}。

图7-7-1 有玻璃阶也有玻璃梯　　　　　　图7-7-2 流光溢彩的色彩

7.7.2 装饰围护

装饰围护用途分3种情况：一是作为阶梯的标志；二是作为指示；三是作为阶梯的透明围护^{（图7-7-3~图7-7-8）}。

图7-7-3 玻璃入口装饰　　　图7-7-4 玻璃透明水景

图7-7-5 台阶指示灯带　　　图7-7-6 电梯层次暗示　　　图7-7-7 钢构玻璃　图7-7-8 玻璃栏板
　　　　　　　　　　　　　　　　　　　　　　　　　　　　　装饰　　　　围护

7.7.3 玻璃阶梯

作为透明小阶梯的主要建材。玻璃阶梯设计较为专业，景观设计应选定位置、式样、尺度，详图由专业公司设计、生产。景观设计者要熟悉配合所需的知识。

在独立性、装饰性较强的室内小型旋转阶梯，以玻璃为主要甚至结构材料，会增加阶梯的透光、透明、透视感，使人一目了然，更富危机感。往往成为景观中亮点。在其他地方多设计为支持墙、板（图7-7-9~图7-7-11）。

图7-7-9 全玻璃旋梯，玻璃踏板上覆塑料薄膜（手机专卖店）

图7-7-10 全透明旋梯　　　　图7-7-11 玻璃作为支撑梁

7.7.4　防滑

玻璃做台阶，或为地坪一局部，常贴用防滑膜，室外多用（图7-7-12）。

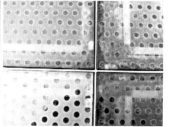

图7-7-12 加防滑膜，室外用框支加防滑膜

7.7.5　固定

过去玻璃的用框固定（框支），就像门窗玻璃一样。现在除了框支，还有多种款式的玻璃爪（点支）。框支的受力较均匀，对阶有利；点支则能表现景观设计所需要的空透灵巧，于景有利。玻璃作踏面、屋面点支要选下沉式节点。一般玻璃阶梯固定支撑在钢结构上（图7-7-13~图7-7-15）。

图7-7-13 用框固定　图7-7-14 用爪固定（浦东）　图7-7-15 端点固定
（荷）

7.8 新材质

7.8.1 合成材料

最常见为混凝土面上铺设合成材料、地毯面，由地坪延续至台阶、坡道，一座阶梯用一种材料，个别也有例外。这也是新旧材料的结合（图7-8-1~图7-8-4）。

图7-8-1 合成卷材面　图7-8-2 仿木粉刷　图7-8-3 L形塑胶制品　　图7-8-4 一座阶梯两种面

7.8.2 健身娱乐

为有利于运动、健身、娱乐可在微坡地上铺设防滑、弹性、彩色合成材料面（图7-8-5）。

7.8.3 生态能源

为生态、环保、美观，可铺设各种新型透水材料（图7-8-6~图7-8-8）。

7.8.4 特殊材料

东南亚盛产宝石，以此贴面，当属最昂贵台阶了（图7-8-9）。

图7-8-5 合成材料坡面

图7-8-6 新型面砖　　　　图7-8-7 新型水泥板边　　　图7-8-8 双色防滑台阶　　　图7-8-9 宝石贴面

Chapter 08

第**8**章

阶梯的形体

台阶、楼梯、坡道、坡阶的体形在落地时相对于架空时较为直接、简洁，但组成元素丰富、接近自然。

8.1 台阶块体

8.1.1 块体

以实体为多的台阶，从整个块体上说有块内剥离和块外接驳的不同；从历史沿革说，是"凿石为阶""雕木为阶"和"垒石成阶"、"枝干搭级"的痕迹。从第 7 章自然材料的分析中，也可以看到这种不同（图8-1-1、图8-1-2）。

图8-1-1 凿石为阶，块内剥离　　　　　　　　图8-1-2 垒石成阶，块外接驳

8.1.2 分析

这也可视为台阶在高差线内和高差线外的不同，观感风味差异。由此而发展为平面凹入、点状削角、两端取平、斜面、转折（图8-1-3、图8-1-4），和单面、双面、平接斜坡等各种类凸出台阶造型（图8-1-5）。

图8-1-3 点削、凹入、两端平台、斜坡凹阶的造型

图8-1-4 斜交、斜面、转折各种块内剥离的台阶造型

图8-1-5 单面、双面、曲面等各种块外接驳台阶造型

8.1.3 效果

在同一个部位、用同种材料，处于高差线内、高差线外和中间空间的台阶、坡道，不但景观效果不一样，占地、线路也不一样，规划时要注意选择。从视觉效果分析，作为解决高差的台阶坡道，以稳定、大方、直接为宜；作为景观的台阶坡道，则以优美、开朗、新颖为宜（图8-1-6）。

图8-1-6 墙内、墙外或中间位置，即使同材料、同部位，规划面貌和占地也不一样

景观设计中的垂直交通——阶、坡、梯

8.1.4 配合

在实际应用中两者往往配合使用，即使同种材料、近在咫尺，也有令人耳目一新的感觉。这是一种非常简洁、优秀的设计手法（图8-1-7）。有时是环境造就，有时是有意设计。室内室外同理，在共享空间，多种形体最能容纳异己（图8-1-8、图8-1-9）。

图8-1-7 实际应用中两者往往上下、左右配合使用　　图8-1-8 上凸下凹环境造就　　图8-1-9 室内造型海纳百川

8.1.5 立体

从立体上说，整体块型还有上凸下凹的不同，下凹因为汇水比较少见（图8-1-10、图8-1-11）。这2种情况都要考虑有分散也有聚集人流的可能。实际上这是半个正、倒锥体形的不同。

除了体形，阶梯正立面变化主要表现在踢面上，因用途、构造、美观有3种不同（警示、镂空、装饰）。见下节。

图8-1-10 上凸人流集中至平台　　　　图8-1-11 下凹排水集中至平台

8.2 阶梯正面

8.2.1 警示

交通繁忙要道要有警示标识，有时用文字说明、广告图案或纯粹颜色表示，但切忌喧宾夺主、画蛇添足（图8-2-1~图8-2-3）。

图8-2-1 提示要道　图8-2-2 上下氛围　　　图8-2-3 异色踢面和广告色踢面（中国台湾）

8.2.2　镂空

用在架空时如室内、室外栈道，踢面透空、半透，或仅透缝。空间不会因阶梯而隔断，或轻盈明亮，或虚晃缥缈，或狭隙透光（图8-2-4）。

图8-2-4 室内踢面透空、半透，或仅透缝，空间连续不断

在利用台阶、栈道下空间时，镂空有通风采光的作用，此处的立面感觉是奥秘，如悉尼歌剧院。用在天台、山巅时，镂空则通透，在蔚蓝天空下，有增加层次的立面效果，如巴黎某屋顶花园（图8-2-5~8-2-6）。

图8-2-5 迥异的台阶踢板透　图8-2-6 室外踏面、栏杆、结构透露
缝立面

8.2.3　装饰

色彩缤纷的艺术品，如地画、涂鸦、色彩瓷砖，有时成为让人过目成诵的建筑展示、难忘的童趣，甚至成为城市的标志（图8-2-7~图8-2-10）。但是踢面关及台梯的正视效果，也可能功亏一篑（图8-2-11）。

景观设计中的垂直交通——阶、坡、梯

图8-2-7 镜面倒影

图8-2-8 阶梯涂鸦

图8-2-9 商业符号

图8-2-10 城市地画

图8-2-11 踢面关及正视效果

8.3 阶梯侧面

8.3.1 墙体

阶梯侧面和阶上栏、阶下墙的做法息息相关。当它们密闭时,阶梯侧面上表现为栏线,下表现为地面;当它们为透空时,上表现为阶梯的层变(断面),下表现为阶梯的结构。有的建筑想上下一致,也有的建筑采取对比的手法。悉尼歌剧院的大台阶,把前后帆形舞台联系起来(图8-3-1)。黎巴嫩和海南博物馆大门台阶,与壁雕结合,引导进入,但做法正好相反,一虚一实(图8-3-2、图8-3-3)。阿里山、西藏和法卡尔卡松的台阶,都是表现侧面城墙(图8-3-4~图8-3-6)。上海静安寺下沉广场侧面可见到花坛(图8-3-7)。黎巴嫩某教堂阶梯侧面是建筑的一部分,一软一硬(图8-3-8)。

图8-3-1 悉尼歌剧院台阶

图8-3-2 台阶(黎巴嫩)

图8-3-3 海南博物馆台阶

图8-3-4 侧面阶栏(阿里山)

图8-3-5 侧面墙栏(西藏)

图8-3-6 侧面城墙(法卡尔卡松)

图8-3-7 侧面花台(上海静安寺)

图8-3-8 阶梯侧面是建筑立面一部分

8.3.2 弯转

阶梯正面弯转延伸至侧面,这种细节设计室内外都有。在梯,有时是结构(L梁),有时仅是装饰,表现一种连续的韵律;在阶,有时是多向台阶引起,也可以看作是踏面包边弯转(图8-3-9~图8-3-12)。

图8-3-9 踏面的三面包边和垂带弯转

图8-3-10 正侧面的垂带线

图8-3-11 梁的转折上伸　图8-3-12 L踏面的三面
　　　　　　　　　　　包边

8.3.3 艺化

如同正立面，侧墙有时美化为色彩缤纷的艺术品，有时是朴实无华、磅礴大气的实墙。这也是一种简洁美，如我的启蒙老师罗维东先生所教导：少即是多（Less is More）（图8-3-13~图8-3-15）。

图8-3-13 崇尚简洁

图8-3-14 画龙点睛

图8-3-15 色彩缤纷

8.3.4 栏杆

景观台阶栏杆有3种倾向。一是自然化，常为矮墙、山石、植物所掩饰，形成室外垂直交通景观特征；二是艺术化，尤其是西方传统建筑，锻铁栏杆极尽精炼豪华，就是现代楼梯，也常是历代收藏风格表现所在；三是透明化，透空化、简洁透视又晶莹剔透，是现代建筑常用的方式（图8-3-16）。

精美的造型往往代表一个时代、一种风格、一种想法。栏杆的做法详见本书11.5节。

　　　　　　　　　　　　　　　　景观设计中的垂直交通——阶、坡、梯

图8-3-16 景观台阶栏杆自然化、艺术化、透明化

8.4 阶梯断面

阶梯的层变，体现在组成级差的踏面、踢面及其配合上，有6种情况要注意：

8.4.1 踏面连接踢面

踏面连接到踢面，阶梯有3种基本断面形状（图8-4-1）：

（1）直角型（图8-4-2）。大方、简洁、易施工、易清洁。适合砖石材料、整体粉刷和连续板材面层。景观块料之踏、踢面自然为一体，极具厚实感；就是同一块方料，两面也可以有不同质感。但交角大于90°台阶极易绊倒，不能采用。其中L形宜为合成材料。

图8-4-1 断面形状

   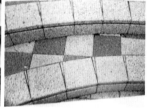

踏面条石 　　　L形板 　　　双面质感 　　　直角贴瓷砖

图8-4-2 直角型踏面连接踢面

（2）斜线型（图8-4-3）。斜交角度约75°~80°，不宜小于60°，可增踏面宽约25mm，追求轻快感觉，偶见深35mm，已超常规。

一般用于整体粉刷和连续板材面层、楔形块料和异形石板贴面。当阶梯与坡面斜交时，这种感觉尤为强烈，为建筑师常用。

（3）挑唇型（图8-4-4~图8-4-7）。挑唇的悬出10~25mm，厚度以50mm为多。可增踏面宽约20~25mm，但不宜贪大，超过了38mm对使用盲杖者不利。挑唇线型较为古典、美观、复杂，适合厚板和带线脚粉刷面层，如常见苏格兰式转角装饰线条。

挑唇有时是结构（如混凝土）悬出，有时是贴面板悬出；个别的设计，会两者双重悬出。挑唇型阴影浓郁，踢面、踏面还常用不同对比材料（图8-4-8、图8-4-9）。

斜面板　　　　　　　斜面石条　　　　　　斜向石板　　　　　感觉强烈

图8-4-3 斜线型踏面连接踢面

图8-4-4 方角挑　图8-4-5 方角厚唇　　　图8-4-6 踏面连踢面（砖）　图8-4-7 俗称"苏格兰"线脚
唇（石）

图8-4-8 结构厚板悬出　　　　　　　　图8-4-9 结构加厚面板共同悬出

8.4.2 踏面离开踢面

踢面取消或半截，踏面悬空，有2种基本结构状态：

（1）悬挑。踏板从墙、梁、柱上单或双面出挑。踏板有时是矩形，也可做成倒三角形、倒L形、T形，加上端薄根厚的变截面，非常秀丽挺拔。此时踏板多为钢筋混凝土或钢构（图8-4-10）。从断面上分为"等截面"和"变截面"（图8-4-11、图8-4-12）。

我国水乡台阶也有用条石出挑的，阶根厚约20cm，供单人上下（图8-4-13）。

（2）搁支。多种踏板材料两端搁支在墙、梁，上下踏板之间并无依靠关系。如果是薄型板材如金属踏板，常在两侧边（踢、踏位置）上下翻曲，增大刚度形成单、双L面踏板，此时踢面镂空但有藕断丝连感觉，从断面上称"曲板型"（图8-4-14）。

景观设计中的垂直交通——阶、坡、梯

图8-4-10 钢筋混凝土踏板出挑　　图8-4-11 单边变截面出挑

图8-4-12 双边等截面出挑　　图8-4-13 水乡条石出挑　　图8-4-14 两端搁支在墙梁，上下踏板之间并无依靠

　　区别：从踏板断面看，有等截面，变截面和曲板型3种（图8-4-15），因此搁支型容易和上节踏面连接踢面混淆。这是结构不同的区别，搁支受力集中在两端，而踏面连接踢面，是上下均匀受力。

　　当挑唇追求浑厚的感觉时，踢、踏面之间留着缝线，仿佛悬空，引起错觉，尤其是末端落地的造型。施工严密谨慎的时候，常让人莫测高深（图8-4-16、图8-4-17）。

　　但没有踢面或者挑唇直角形的踏步，均要考虑如何适合盲人使用。

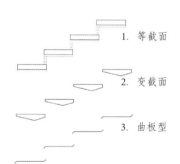

1. 等截面

2. 变截面

3. 曲板型

图8-4-15 踢板有等截面，变截面和曲板型3种　　图8-4-16 厚唇悬出，阴影浓郁，容易引起错觉　　图8-4-17 究竟何结构？

8.4.3　断面交界线

　　指踏面前缘平竖面交界线（图8-4-18）。所有成品、非成品材料的级缘线，均做倒角或圆角（$R=10mm$）；原因是尖锐的交界，容易勾足，材料不易持久，且跌撞时不安全（图8-4-19、图8-4-20）。

刨切倒角　　上车10圆角，
　　　　　　下车小圆角

图8-4-18 断面交界线

有时为了表达刚毅挺拔的感觉，会把圆或倒角做得很小（约5mm）；但有时为了表现光滑圆润的面貌，会把圆或倒角做大（约15mm），以至整块板磨圆，长阶尤为明显（图8-4-21）。欧美古典建筑常见R=12mm，称之为"牛鼻形"，如1926年建的上海金门酒店、甘肃张掖的佛寺广场台阶围成双L形，浑厚造型让人为之一振（图8-4-23）。景观设计者要注意在细节中传达情感倾向，"细节就是上帝"（密斯·凡·德·罗）（图8-4-22~图8-4-25）。

在级缘后交界线如做小圆角，则利于清洁打扫，在踢面取消、踏面悬空时，可减少梯下漂尘。

图8-4-19 交界线做倒角

图8-4-20 交界线做圆角（唇下埋灯）

全圆角厚实易滑

图8-4-21 圆角示意

图8-4-23 浑厚天成的造型

图8-4-22 意大利风格阶梯（1926年）

图8-4-24 表现刚毅挺拔的感觉

图8-4-25 各种光滑圆润的面貌（上海中银、日本、悉尼）

景观设计中的垂直交通——阶、坡、梯

8.4.4 断面悬挑长

当用石材面板做挑唇时，悬空长度依材质优劣和板厚选定，一般悬出长度纯人行时小于板厚之1/2，有行李车（包含拉杆箱）小于板厚之1/3（图8-4-26）。注意石阶缺口掉牙极多，可谓景观"细节决定成败"之范例（图8-4-27~图8-4-29）。

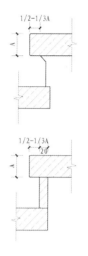

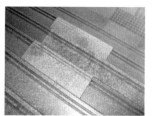

图8-4-28 整板破裂更换

图8-4-26 断面悬挑长示意　　图8-4-27 整板悬空坠落　　图8-4-29 细节决定成败

8.4.5 断面交接点

当踢面用薄板时，希望与踏面用企口交接（图8-4-30）。当踏面用薄板时，为唇口美观和强度有踏面贴条做法。贴条应略宽于悬空长度，置踢板之上如做小企口更好（图8-4-31），依靠胶粘剂粘贴悬空（图8-4-32），往往弄巧成拙。仔细看这种唇口、上下板花纹并不对缝，不是一种妥善的节点。

8.4.6 断面排水坡

所有踏面向外做1%~2%排水坡，根据踏面粗糙程度选定。排水不畅导致生苔藓、结冰对台阶防滑极为不利。由建筑通室外台阶、平台宜泄水快，坡度大至2%~3%，如通轮椅应不大于2%。美国采用每英尺1/8~1/4英寸，约3~6mm，即坡度2%（图8-4-33~图8-4-36）。

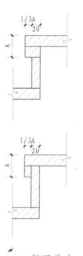

图8-4-30 断面节点示意　　图8-4-31 踢、踏面企口交接

图8-4-32 依靠胶粘剂贴条加厚悬板后果堪忧

图8-4-33 1%排水坡　　图8-4-34 2%排水坡　　　　　　　图8-4-35 3%泄水坡　　　　图8-4-36 注意滑溜

8.4.7 踏面标高

注意台阶面的标高为含外粉之完成面,而建筑楼层的标高指结构面,不含外粉厚度。注意排水坡及挑唇型、斜角型之外伸,均不包含在踢、踏面计算总尺寸之内。

8.5 台阶边缘

8.5.1 绿化

多数景观台阶应融化在绿丛之中,无论外延内敛,无论自然规则,尽量"无边"或"自然边"。有时这是天然的造就,有时这是人工的创作,但要不留墨迹为上(图8-5-1)。

图8-5-1 景观台阶边界融化在绿丛之中

8.5.2 三角面

垒石成阶时突出在地面外的阶身,为原始之锯齿凹凸状面貌(图8-5-2)。如果连续形成韵律也是一景,如果遮而不全,则偶露峥嵘并不美观(图8-5-3)。

在以板材为主要材料阶梯上,三角面表现非常明显,甚至以色彩加以强调(图8-5-4~图8-5-5)。分析起来这是"实"与"虚"的不同。

景观设计中的垂直交通——阶、坡、梯

图8-5-2 地面上之凹凸形

图8-5-3 偶露峥嵘

图8-5-4 齿状板材

图8-5-5 以色强调

8.5.3　接地

台阶终端之级尾，深入大地，长短如拇指状。在台阶与坡道斜交时，也会出现"接平"的景观。这里一种是"刀削"，即删去台阶终端级尾之三角形，另一种是与斜坡天然"接平"，并不全同（图8-5-6），但都以亲吻大地为目的。

图8-5-6 阶坡相接级尾削平、接平（硬质）

8.5.4　渐变

铺装面逐渐减少，大地（绿化）面逐渐入侵，使内外相互交织渗透。有时使台级呈多方向之层变，这是渐变规律在立体化方面的应用（图8-5-7）。

8.5.5　缘石

各种形式之垂带、缘石、矮墙，可减土方入阶、沉降显露（图8-5-8、图8-5-9）。垂带使阶梯严肃规整，雕花又使形体活泼可爱，这是我国常见传统做法（图8-5-10）。当台阶转折时，缘墙以至栏杆都呈双向扭面，不易施工，在洋式台阶常见。记得在学校时，傅信祁老师特别提到这种楼梯扶手为"鹤颈弯"（图8-5-11、图8-5-12），参见8-4-3节。

图8-5-7 内外相互交织渗透

图8-5-8 异形垂带

图8-5-11 扭面缘墙

图8-5-9 折形垂带

图8-5-10 我国常见垂带和雕花

图8-5-12 扭面缘墙侧视

8.5.6　交叉

无论踏面、踢面、阶缘石的伸入左右绿地，阶梯边缘都呈凹凸状，目的是让阶形融入环境中，阶梯本身也因交错而活跃起来（图8-5-13~图8-5-15）。

图8-5-13 踏面伸入绿地

图8-5-14 缘石伸入绿地（上海）

图8-5-15 台阶与矮篱交错

8.5.7　弯角

有防止侧面溢流的作用，在阶正视产生连续的U形韵律，如苏州博物馆；也有以松散、砂浆填平终端之三角面，如自然风沙积雪之沉淀（图8-5-16~图8-5-18）。

景观设计中的垂直交通——阶、坡、梯

图8-5-16 在阶尾连续的U形韵律　　　　　图8-5-17 松散材料填平终端　　　图8-5-18 自然积雪之沉淀

8.5.8 悬空

踏面悬空，吸引周边空间渗入，实际上是无边无际的阶梯。我国宝岛台湾，更有突破栏杆的悬板盆栽，但要注意安全（图8-5-20）。有时悬空也表现为阶面与墙面分离，或故意留缝隙，或构造要求。一为伸出一为伸入，一虚一实，都让人心存悬念（图8-5-19~图8-5-21）。

图8-5-19 踏面外悬，似乎是无边无际　　　图8-5-20 悬板盆花

8.5.9 小品

各种形式、高低之勒脚、柱桩、花坛、装饰小品，使阶梯的边缘规整、丰满、多样（图8-5-22~图8-5-26）。

图8-5-21 阶面与墙面分离，产生悬念

图8-5-22 花坛　　图8-5-23 矮墙　　　　图8-5-24 木桩　　图8-5-25 亭廊　　图8-5-26 短柱

8.5.10 封闭

阶梯的两侧封闭，不管是硬质或是软质，是直线亦是曲线，这时阶梯只有前后空间是流动的（图8-5-27~图8-5-30）。

图8-5-27 软质封闭图　图8-5-28 传统乡镇　图8-5-29 新型台阶　图8-5-30 艺术墙体封闭

8.6 阶梯平面（坡道）

8.6.1 阶梯中段

台阶与楼梯中段的变化，表示为转折、平台及景点。与建筑密切相关的楼梯，一般均衡布置。与环境密切相关的台阶，受地形、地貌影响，并不均衡。强调几何图形的规划，也有两侧不平行的设计（图8-6-1~图8-6-2）。

8.6.2 阶梯端末

在开头或收尾段，往往扩大，即使一两个级差也是这样。一方面是以体形来表示迎亲送故，西洋传统园林常见；一方面这是2个块面的交替衔接，或是单转多向，在建筑中经常可见（图8-6-3~图8-6-6）。

图8-6-1 栈道走向受地形地貌影响

图8-6-2 不平行的设计

图8-6-3 迎亲送故（住宅）　　　　图8-6-4 后几级收尾扩大（约旦）　　　图8-6-5 沿路散开（英国爱丁堡）

图8-6-6 两个块面的交替衔接，甚至是单转多向，建筑常见

8.6.3 梯脚装饰

梯脚造型以不影响交通、不过分夸张为限，尤其是圆弧形平面。但若把其延伸为下层阶梯入口，则是一个绝妙设计。但是把平面逐层缩小，则既不好用也不美观（图8-6-7）。同一座建筑，梯脚的造型要相互协调，不要画蛇添足（图8-6-8）。

图8-6-7 圆形造型向后延伸为下层阶口

图8-6-8 同建筑梯脚的造型要协调

8.6.4 阶坡转折

各种转折角度之台阶，包含单跑变多跑或多跑变单跑，因为地形如山麓、台地，也因为线路设计而形成。依据地形而转折的落地台阶，当转折角度靠近90°~180°时，需要削陡的峭壁或人工挡墙，有时即转换为架空栈道。台阶与楼梯不同，要考虑充分利用空间少占地，因此平面比较紧缩，甚至在空间上常是重叠的（图8-6-9~图8-6-12）。

当转折成为圆、环形时阶梯成了"旋梯"。台阶也与坡道之转折不同，台阶转折通过平台。坡道往往考虑车行之掉头，形成"之"形图案。

图8-6-10 需要峭壁或挡墙

图8-6-9 因地形而转折

图8-6-11 落地和架空台阶

图8-6-12 楼梯要考虑建筑中位置，充分利用空间少占地

8.6.5　阶坡平台

平台除按每段小于18级要求布置，还在线路分叉、转折、变坡、调节配合地形时使用（详见本书3.6节），还可作为大型广场、舞台（详见6.3.1节）。

平台伸展，往往成为景点之活动场地、无障碍设计的观赏点。它是交通必需更是一种景观元素^{（图8-6-13~图8-6-15）}。

在大型公共建筑、景点、交通枢纽，平台往往是室内活动空间的延伸和亮点^{（图8-6-16）}。因此选定台阶的位置很重要，不单纯是上上下下的关系。反之平台也会影响台阶的造型^{（图8-6-17）}。

图8-6-13 交流活动　　　　　　　　图8-6-14 上景点下休闲　　　　　　图8-6-15 景观装饰

图8-6-16 室内活动空间的延伸和亮点

图8-6-17 平台也会影响台阶的造型

景观设计中的垂直交通——阶、坡、梯

当然如果规划需要，平台也可以独立成为休闲、娱乐、交流的一个点。明朝末代皇帝三次召见袁崇焕，就不在政和殿内，而在殿后平台。至于公共建筑楼梯平台，更是人流交叉枢纽，极尽装饰之能事，不如洗尽铅华（图8-6-18、图8-6-19）。在家庭，平台可挂照片、贴窗花。

图8-6-18 独立的休闲平台　　　　　　　　　　　　　　　　　　图8-6-19 独立景观平台

台阶依据地形、造景而筑，从而和因转折而成的楼梯平台有很大差别，只要地势趋平、规划线形改变，就可能出现各种各样的、不拘一格的"平台"（图8-6-20~图8-6-23）。从景观设计说，平台更要留有软质材料的立地。这也许是景观设计魅力所在（图8-6-24）。这种形式的平台不能模棱两可，似是而非，让平台处在踏面之间，让行人犹豫不决。

图8-6-20 变坡自然生成　　　　　　图8-6-22 错层形成平台　　　　　　图8-6-23 阶坡排列

图8-6-21 阶线分离之间　　　　　　图8-6-24 兰州五泉山入口平台

8.7 楼梯造型

8.7.1 基本造型

楼梯多是悬空的，因此结构成为造型的基础，变化复杂，大致可分为以下几种：

（1）梁，包括：单梁、双梁、扭梁、栏板梁等（图8-7-1~图8-7-4）。

（2）板，包括：双悬板、折板、扭板、平搁板（图8-7-5~图8-7-8）。

（3）挑，包括：中柱、套筒、墙挑平板、墙挑折板（图8-7-9~图8-7-12）。

（4）吊，包括：两端（吊索）、一端（玻璃）（图8-7-13、图8-7-14）。

以上4类示意图，供景观设计时参考其造型。大部分结构是钢、钢筋混凝土，上海园林在植物园、黄埔公园都有这样例子，但可惜都拆掉了。一个地点无数次反复拆建，也是一种浪费。相反，优秀的建设、节点应长期保存，起到画龙点睛、传承启示的作用（图8-7-15）。

图8-7-1 单梁

图8-7-2 双梁

图8-7-3 扭梁

图8-7-4 栏板梁

图8-7-5 双悬板

图8-7-6 折板

图8-7-7 扭板

图8-7-8 平搁板

图8-7-9 中柱

图8-7-10 套筒

图8-7-11 墙挑平板

图8-7-12 墙挑折板

图8-7-13 两端（吊索）

图8-7-14 一端（玻璃）

图8-7-15 很有表现力的悬出

8.7.2　变异造型

从景观设计出发，在上述基础上做出夸张的、相似的处理，使之更富有想象力，如树叶状、鱼骨形等，相片系下载，供景观小品参考（图8-7-16）。

图8-7-16 各种变异形式楼梯

8.7.3　结合实际

以上实例、相片多为室内。在景观设计中要善于利用已有实际选择类型，创造结构支承条件（图8-7-17）。

图8-7-17 绿地中的单梁梯

8.8　坡道的体形

8.8.1　坡道构造

坡道由落地开始，逐渐升高成为架空的坡道，平坦的地形一般在1.2m处左右分界。落地的坡道可以是地形起伏的一部分，也可以由坡道两侧的挡墙形成。行人的架空坡道即成"栈道"，木、钢、钢筋混凝土都有，强调立体化的城市绿地、滨江湿地的栈道内常见。行车的栈道和城市高架桥上下匝道一样，一般是钢或钢筋混凝土的（图8-8-1~图8-8-3）。

图8-8-1 逐渐升高成的坡道

图8-8-2 坡道和地形起伏

图8-8-3 强调起伏变化的栈坡道

8.8.2　之字路径

坡道要控制坡度分段设平台，此项常被忽略。因此长坡或轮椅通车时往往出现"之"字形平面，有的时候会成为非常壮观的大地景观。当然"之"字平面有时也会演变成"X"字形平面。在室外上下坡之间往往错开，嵌入绿地，在室内上下坡之间往往紧贴，出现"△"形档墙（图8-8-4、图8-8-5）。

图8-8-4 "之"字形坡面，形成壮观大坡地景观　　　　　图8-8-5 室内坡道景观

最著名的长坡是美国加利福尼亚旧金山市九曲花街（Lombard Street），坡道与台阶严密配合（图8-8-6~图8-8-9）。我国也有类似产品。

图8-8-6 旧金山市九曲花街　图8-8-7 回头俯视伦巴底街　图8-8-8 两侧是人行台阶　图8-8-9 当中是之形车行道
向东伸展，尽头是海边

8.8.3　独立景观

由坡道形成的环、圆、椭圆内庭，无级升降，周而复始；坡道也可独立成为建筑造型，特征非常显著，如德国的展览馆（图8-8-10、图8-8-11）。

图8-8-10 德国历史博　图8-8-11 由坡道形成的建筑特征非常显著
物馆

西班牙安达卢西亚历史博物馆，由坡道组织交通为一特色（图8-8-12）。美国古根海姆美术展览馆同样如此（详见附录A）。上海世博会中国馆，也有坡道组织交通的竞标方案。

在景观设计中，坡可以独立组成栈、堤，小品建筑入口……而且甚具创意（图8-8-14、图8-8-15）。

图8-8-12 西班牙安达卢西亚历史博物馆

 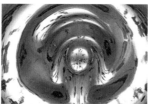 

图8-8-13 依据坡道做倾斜立面的建　图8-8-14 由坡组成的栈道　　图8-8-15 由坡组成高层建筑入口
筑和堤坝（巴黎）

8.8.4　表层纹理

设计上要考虑防滑材料和图案的协调，如美国千禧公园的表面铺装（图8-8-16）。

 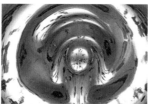  

图8-8-16 美国千禧公园及其表面铺装

Chapter 09

第**9**章
空间及视线

景观阶梯美妙之处在于交通运行中的"景"。在提供观赏条件的同时，本身也是一种景观元素。本节阐述阶梯的空间与观赏。

9.1　阶坡空间

9.1.1　绿丛之中

景观阶坡的总体，多处于自然之中，有广袤的空间。阶坡的环境提供了开阔的活动范围，阶坡也往往成为视野中的亮点。阶坡本身的体量变化很大，小至曲径山道，大到台阶广场，但不影响其目光所企及，以及其所影响的空间范围，其控制因素是绿化环境（图9-1-1~图9-1-4）。

图9-1-1 简洁的建筑空间（约旦）　图9-1-2 宽敞高耸的建筑空间

图9-1-3 导向的光线　　　　图9-1-4 户外台阶的空间受地形、地貌、种植的影响

景观设计中的垂直交通——阶、坡、梯

当然也有个别是狭窄的，如建筑的"与天对话"，景观的"一线天"。

9.1.2　与天对话

围合的，尤其是架空的坡、阶和梯，与外界环境交流依赖上下纵深的空间。它不但解决采光通风，更被视为与蓝天白云的对话（图9-1-5）。这种对话有时表现为室内外空间的延伸（图9-1-7），有时是上下层之间空间的流动（图9-1-6）。

安藤忠雄的设计，阶梯上是完全开敞的，一缕阳光从天而降，让人魂牵梦萦，不能忘怀（图9-1-8）。同济大学建筑系办公室是直上楼梯加天窗（图9-1-9）。

图9-1-5　与蓝天白云的对话　　　　图9-1-6　上下空间的流动　　　　图9-1-7　内外空间的延伸

图9-1-8　安藤忠雄设计的阶梯　　　　　　　　　　　　图9-1-9　同济建筑系楼梯

9.1.3　"一线天"

园林的阶和梯，可以创造如"一线天"般的景观。有时是硬质有时是软质，有时是天然有时是人工的。和建筑不同，这种"一线天"不规则，不一定通视，但一定开放。在很多街巷绿地我们都可以看到这种情境（图9-1-10~图9-1-12）。

从这里看设计阶梯除了本身实体，更须看重扣人心弦的阶梯空间。

图9-1-10　房屋之间（上海）　　　图9-1-11　房屋之间（叙利亚）

图9-1-12 天然的"一线天"

9.2 景观导向

9.2.1 明暗色彩

　　阶梯空间明暗和色彩有强烈的吸引力,软质硬质都一样,目标清晰,引导前行。封闭的阶梯相较于外部开朗的空间,对比尤为清晰（图9-2-1~图9-2-6）。

图9-2-1 色彩诱人　　图9-2-2 目标导向　　图9-2-3 似透非透　　图9-2-4 明暗对比（叙）图9-2-5 走向亮点

图9-2-6 色彩、透视和空间位置的引导

景观设计中的垂直交通——阶、坡、梯

9.2.2　明指暗喻

坡向也是一种引导，有时是拒绝，有时是引诱，有时是欢迎，就看景观的陡缓和指向。如美国家美术馆东馆入口的水流，诱导人们去探索、观察美术馆地下奥秘（图9-2-7~图9-2-9）。

因此，阶、梯、坡的形象常常是有目的、暗喻的信号。

图9-2-7　美术馆东馆入口　　　　图9-2-8　引人注目的喷泉　　　　图9-2-9　流向地下展厅

9.2.3　对景框景

"对景""框景"控制阶坡铺装面的走向、宽度、色彩、纹理，处于环境构图中心，取得针对的视觉效果，在设计中具有明显的引导性，如圆拱中心、门廊后面、绿丛之中看景中阶梯。"框"可用硬质景观，在园林中更多是软质景观，让视觉于不知不觉中自然集中（图9-2-10，图9-2-11）。

图9-2-10　硬质景观构图中阶梯

图9-2-11　软质景观构图中的阶梯

9.3　透视错觉

9.3.1　经典神殿

台阶配置及周围环境，形成视线的错觉。最有名的是米开朗琪罗设计的罗马朱庇特神殿，长长的台阶引领人们走向神殿和殿外广场，梯形的、渐变的台阶和广场，加深了透视变形，使形象更为巍然矗立（图9-3-1）。

9.3.2　微差错觉

现代工程中多有实例。奥地利城区隧道口上、下段台阶采用微差的平面，虽装饰简朴实无华，但以其总体造型让人难忘。法国维埃纳省建于1996年的圣罗曼·恩加尔历史博物馆，台阶由下而上，平面也呈楔形。由狭而宽，感觉为开朗，缩短距离；由宽而狭，感觉为深远，延伸距离。有时是阶坡铺装面造就，有时加上两侧植物烘托（图9-3-2）。

景观设计中阶级有时成为大地的一种装饰，上宽下狭，也会产生错觉，如台湾日月潭码头；此时室内感觉强于室外，如海口某宾馆。青岛李村河于俯仰之间，上下差异扩大，达到设计需要（图9-3-3~图9-3-5）。

9.3.3　平面线形

1. 微弧平面

宽阔的台阶中间微凸呈圆弧形，向两端导水，透视时会产生错觉；上阶时延长阶线，下阶时开阔视野。在多段台阶或视点低时，会扩大这种变形。挑唇型的踏面，阴影深重，阶尾

图9-3-1　罗马朱庇特神殿台阶及透视

图9-3-2　上下不等产生透视错觉（奥地利）

图9-3-3　增大透视感的码头（台湾）　　图9-3-4　增大透视感的入口（海口）

图9-3-5　青岛李村河斜坡面

的扩大，也会加深这种感觉。当然螺旋梯的圆心空间，自然是聚焦中心。如果这里有景物，是重中之重了（图9-3-6~图9-3-8）。详见本书11.1节、8.6节。

2．曲折平面

台阶平面的变形，导致上下行动路线与台阶斜交，在俯视、鸟瞰时，产生向内或向外，或凹或凸的错觉，仿佛阶线是延长了，阶型变活泼了（图9-3-9）。详见5.1节。

图9-3-6 扩大多层次加微凸加剧变形

图9-3-7 提高和降低视点加大变形　　图9-3-8 螺旋形的中心

图9-3-9 曲折形平面台阶的错觉

3．长直平面

长直平面的阶级线、装饰线、坡向线等，甚至色彩、狭窄阶级的空间，都会有强烈的透视灭点（图9-3-10~图9-3-13）。

图9-3-10 长形的错觉　　图9-3-11 弯曲加大错觉　　图9-3-12 色彩加 图9-3-13 狭窄加
　　　　　　　　　　　　　　　　　　　　　　　大错觉 大错觉

9.4 仰俯之间

9.4.1 俯仰视觉

分析较长阶梯的视觉。在下层踏步时的仰望视线，如果看不到上层踏步平台，以至背景影像，就很难展开景观层次，产生空间深度，形成强烈的期待感，这和一望无垠的上升不同。

人的视点离地一般1.5m，分段要考虑这个尺度。如果一个分段总高控制在1.2~1.5m之内，那么行走近时很容易看到下一个平台面，就会变敬畏心为亲切感，乐于向前，圆弧形尤甚 （图9-4-1）。而对于艺术型阶梯，隐藏平台显得非常重要，因为透视时图案要求连续不被平台隔断 （图9-4-2）。

图9-4-1 向上仰望的两种视线效果

图9-4-2 画面避免平台的显现

俯视时也一样。逐层分段平台，如同绘画产生的节奏感，和不分层次一片阶、陡峭的效果显然不同，单座和群体基本一样 （图9-4-3~图9-4-5）。

图9-4-3 单座向下俯视

图9-4-4 群体向下俯视

图9-4-5 不分层次一片阶（越南）

9.4.2　缓陡感受

上海华山路绿地的两座台阶，情况相似，给人的感受不同^{（图9-4-6）}。左图舒坦平和亲民，与环境布置疏朗较一致，实际上类似于"阶坡"做法；右图显急促积极功效，但植被紧密，色彩较丰富，是一般台阶做法。这和交接、步距、面材都有关系。有时一板之隔，恍如隔世，有时错乱，也是另一种高差趣味^{（图9-4-7）}。

从外部看阶梯给人的感受。垂直交通的坡度，很容易造成不同的视觉效果。坡缓阶平视角小，感觉为深远、亲切、迎入。坡陡阶昂视角大，常表现为逼仄、压抑、威严。设计要根据功能、人流，考虑景观效果，楼梯坡道也一样^{（图9-4-8）}。

图9-4-6 华山绿地的台阶比较　　　　　　　　　　　　　图9-4-7 一墙之隔和乱形高差

图9-4-8 不同的坡度有不同的视觉效果

9.4.3　封透差异

仰望双向台阶，架空和落地的景观，由于虚实对比，或者是微弧、变坡、倒影等造成的错觉，有明显的差异^{（图9-4-9、图9-4-10）}。如果是悬空的、外向的^{（图9-4-11）}，会显得更为亲切友好。这种比较在实践中到处存在，要有意识加以提高利用。无论如何，同阶梯所处景物，尺度比例要适当^{（图9-4-12）}。

图9-4-9 实砌的　图9-4-10 架空的双向台阶　　图9-4-11 悬空（环抱）的双　图9-4-12 与所在景物尺度比例
双向台阶　　　　　　　　　　　　　　　　　　　向台阶　　　　　　　　　要适当

9.5　光影效果

9.5.1　阴阳

在阳光照射下，阶级踢、踏面产生的阴影是"突变"，坡道是"渐变"。当两个面采用不同材料、色彩或反光时，阶级轮廓变幻效果有深浅，有层次，效果更为显然。级差分明对安全和无障碍行走有利，也使阶梯群体景观耐人寻味，富含朦胧深情。三亚鹿回头景点多棕榈科植物，阴影投射在石纹地面，留下婆娑碎影，上下配合，动态迷人（图9-5-1~图9-5-4）。

图9-5-1 室内的光暗面　　图9-5-2 反光下的阴阳面　　　　图9-5-3 阳光下碎花（上海）　　　　图9-5-4 上下交映（三亚）

这和阶梯的构造也有点关系。室外阳光下，挑唇型、斜角型踢踏板断面阴影深厚。踢踏板分离型，甚至可正背面透视，空间似断尚连（参见第8章）。

这和阶梯的平面也有关系。详细观察圆弧形平面的阴影是逐次渐变的，有时由踢面延至踏面（图9-5-5、图9-5-6）

图9-5-5 从暗到亮的级差，纯色有程度不同的层次　　　　　图9-5-6 弯处踏面之阴影渐变

9.5.2　虚实

有时这光影是平面的，例如，树干、花架、装饰墙的投影和铺装的线型色彩所造成的效果。因此即使是纯色，仍要深虑自然的光影效果（图9-5-7）。有时这是地面铺装线引起的错觉（图9-5-8）。

景观设计中的阶坡，以室外者为多，装饰需配合环境。有时所在的环境装饰，也会反过来影响阶坡的存在。台北一座宾馆的大门，地坪的线条是"仿台阶"，并没有高差，仅以此提示入口大门的存在^(图9-5-9)。同理，上海普院区一套办公房用斜坡作入口，坡上防滑条形似台阶，没有什么装饰，浑然天成^(图9-5-10)。这是以虚代实的做法。上海鲁迅纪念馆大门石阶的朴实衬托了绍兴建筑风格。这是"实"的做法^(图9-5-11)。

图9-5-7 投影，非级差

图9-5-8 铺装线误为阶线

图9-5-9 装饰线为仿台阶平面

图9-5-10 鲁迅纪念馆大门

图9-5-11 防滑条小斜坡

9.5.3 天梯

澳大利亚海滩建造了一座"天梯"，通过角度和变形造成的光学错觉，让人感受似乎这座铝梯是无止境的^(图9-5-12)。天梯由雕塑家大卫·麦克拉肯设计。设想如果梯面改为平面，成为一个纯锥体，就不容易产生什么联想。中央电视台文娱频道，片名背景也有类似天梯的图案。艺术家则以天梯为背景，表现美好的愿望^(图9-5-13)。

图9-5-12 澳大利亚海滩的"天梯"

图9-5-13 愿意

9.6 上天入地

9.6.1 下沉

阶梯往往意味着高度，有上就有下。向上或向下的阶梯，都可以衬托所在景物，都是一种享受。向下要有温暖、神秘、回归大地的感受，不是沉沦，要避免让人有闭塞、黑暗、潮湿的感受。也有以限定空间来创造、形成这种封闭的氛围的（图9-6-1~图9-6-4）。

上下有绝对，也有相对的。世界很多地方有水倒流、车逆行的怪坡，如龙海港尾镇、厦门文曾路、北京北安河阳台山、韩国济州岛，实际上都是周围环境导致的视觉误差，加上人为夸张的结果（图9-6-5）。

图9-6-1 下沉的设计要有神秘、回归大地的感受 　　　　　　　　　　　图9-6-2 向下至地铁

图9-6-3 温馨安宁的下沉式小广场 　　　　　　　图9-6-4 限定空间的小广场

图9-6-5 韩国的神秘之路："车往高处"溜"，系环境导致的视觉误差

9.6.2 隐喻

环状楼梯是设计者利用莫比乌斯环状纸杯现象所作的设计，站上可眺望天际线，走下又回到土地，隐喻了相互吸引，又相互排斥的关系（图9-6-6~图9-6-7）（详见附录A）。

　　　　　　　　　　　　　　　景观设计中的垂直交通——阶、坡、梯

图9-6-6 莫比乌斯环状楼梯立面图

图9-6-7 阶梯不是孤立的

9.6.3 遥望

美国自由女神雕塑内部，设有1456级旋梯直上皇冠，可俯瞰纽约市容（图9-6-8~图9-6-9）；西班牙标志性建筑圣家族大教堂外为伟岸景点，内有登高阶梯，一举两得。教堂中的旋梯不设扶手，不对外开放，只供仰望其"升天"效果（图9-6-10）。

图9-6-8 美国自由女神像

图9-6-9 自由女神像内景

图9-6-10 西班牙圣家族大教堂内外

对于接近自然山水的景观设计，要深入实际选择峡谷关隘，建坡道台阶观赏平台，取得飘逸和"极目楚天舒"的效果。即使平原也可利用阶级的优势，平地起宏图（图9-6-11~图9-6-13）。

图9-6-11 选择峡谷关隘

图9-6-12 取得极目和飘逸的效果

图9-6-13 平地起高台

9.7　本章小结

综上所说，自然中的阶坡，在视觉上的分析归纳为：

（1）总体。阶坡的总体，多是广袤的空间，这和楼梯不同；个别地方是狭窄的，表现为建筑的"与天对话"，景观的"一线天"。

（2）导向。作为交通的元素，除了规划，阶坡本体要有色彩、明暗、形状、框景等视觉上的导向。

（3）平面。传统有微差和线型变化的阶坡平面，要考虑透视错觉。

（4）立面。阶坡的高度，要考虑人的仰望、俯视和缓陡的视觉效果。

（5）光影。在自然中的阶坡，要考虑阳光的照射所产生的光影变幻。

（6）情感。景观阶坡，要斟酌入地、遥望时人群对上下环境的感受，要做到"上上下下的享受"。

第**10**章

相互巧配合

10.1 阶、坡的交错

坡道、台阶与楼梯的表现方式不同，但是共同的目的使之有可能相互结合与延伸。景观设计所希望得到的，不止于交通，更重于造型变异，形成特殊景色。因此要抓住其内在特征，升华表现规划意图。

在天然的层变地形、山麓的梯田土埂，经常可见到小径山道在坡面上下蜿蜒切割、徘徊流淌；农村斜坡可见到因交通运输、行人安全而设的坡中阶、阶中坡，或者这就是本节景观的"原型"（图10-1-1）。

图10-1-1 梯田土埂与山道

10.2 阶、坡前后接替

10.2.1 前后布置

依据规划策略，或者按不同地形，在同一线路中，坡、阶与梯前后分别布置，相互接替配合。景观栈道中，往往是坡道、梯和阶反复交替（图10-2-1~图10-2-3），并不是简单一两个标高。这个衔接是很有讲究的，要顺序、大气。有时虽然内外衔接方便，但阶高无序，外形不整并不雅观（图10-2-4）。

图10-2-1 景观栈道是坡道、梯和阶反复交替

图10-2-2 台近水，阶示丘　　　　　　　　　　　　图10-2-3 缓为坡，陡接阶　　　图10-2-4 阶高不等

10.2.2　第五立面

　　韩国首尔女子大学两幢下沉式大楼（图10-2-5），中间通道的一端用大斜坡，另一端为台阶（现级高不易行动），通道侧面是大厦的玻璃幕墙。这里的通道台阶斜坡，既解决采光通风，表现建筑面貌，又有第五立面的衬托，充分展示下沉的魅力（图10-2-6）。

图10-2-5 一端用台阶，一端为斜坡设计

图10-2-6 表现两侧建筑面貌，解决采光通风，又有第五立面的衬托

10.3　阶、坡同地配合

10.3.1　同一部位

　　在同一个部位有阶、梯、坡排列，有时坡道考虑人行，也考虑童车、行李车、自行车缓坡和无障碍设计要求，在同一个位置排列。德国有一个交通枢纽，同一个地方有3种交通方式（图10-3-1）。台湾的长台阶，往往带有坡道，以利带行李的人通行和慢交通（图10-3-2）。我国乡径村道，也可以看到天然的坡、阶并行布置（图10-3-3）。

景观设计中的垂直交通——阶、坡、梯

图10-3-1 3种交通方式并存　　　　图10-3-2 坡阶平台利用（机场）　　　　图10-3-3 农村石板阶坡

10.3.2 主次有序

这种结合内容非常丰富，但终以混成一体为佳。根据交通、景观需要，这里的组合以台阶或坡道之一为主体。较陡的车行道，为保证行人安全，会以台阶为人行道。较陡的行人坡道，为保证舒适，也会做一段台阶（图10-3-4、图10-3-5）。宽敞的、修长的台阶，做一段坡道，也在情理之中（图10-3-6）。

图10-3-4 车行道台阶　图10-3-5 行人坡中阶　　　图10-3-6 行人阶中坡

园林中拱桥，有时以阶为主，有时以坡为主（图10-3-7），有时主次不分。阶靠两侧，坡占中位，便于推车及停留扶栏观景。阶占中为主，便于多数人行，坡在两侧易与桥身栏杆相配（图10-3-8）。但在弧形平面桥端，坡应随形放大，利于通小车及观感。坡度较大的拱、吊、索桥，常在中间铺车道坡板，防颠压耐磨耗（图10-3-9）。

图10-3-7 拱桥以阶或坡为主　　　　图10-3-8 坡在两端显孤立　　　图10-3-9 阶上加车道板

10.3.3 平行排列

阶坡同向有各种的排列，平行最常见，方便、节地，阶坡之间可以做栏墙、平台，以协调好长度。在道路、广场中使用较多。这里一是要方便，二是要美观。高度大了可以多层次（图10-3-10～图10-3-13）。不要为了行人方便，自行"创造"（图10-3-14、图10-3-15）。

图10-3-10 布置平台以协调

图10-3-11 协调阶坡长度

图10-3-12 多层次的配合

图10-3-13 双坡同地平行布置

图10-3-14 此坡何用

图10-3-15 自行"创造"

10.3.4　斜角排列

在同一线路中，坡、阶与梯同段分别布置，斜角衔接配合。此举可充分利用坡、阶不等长度，使侧向斜形立面得以表现，排列活泼美观，平面靠近但走向不同（图10-3-16）。斜角排列落地、架空阶梯都有。落地的要利用地形；架空的外观轻盈、独立，在景观，甚至玩具设计中较多使用（图10-3-17、图10-3-18）。

图10-3-16 落地斜交不同坡度不同走向

图10-3-17 架空斜交的阶梯坡——栈道

图10-3-18 架空斜交的阶梯坡——玩具

10.3.5　直角排列

阶、坡直角转折，分道扬镳不受长度制约，方便常见但占地，要处理好与建筑、环境出入口的关系。直角排列有几种内容，高差小时易排列，高差大时往往包含挡墙，如图10-3-19~图10-3-21所示。

图10-3-19 直角转折最常见

图10-3-20 应与建筑协调

图10-3-21 要与环境协调

景观设计中的垂直交通——阶、坡、梯

当斜坡设计为梯形时，台阶踏面与之斜交，呈现逐层嵌接特色景观，为很多建筑师处理无障设计阶常用。第10.3.4节同理（图10-3-22、图10-3-23）。

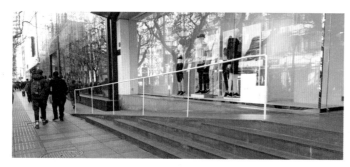

图10-3-22 大型商场入口

图10-3-23 斜坡呈梯形

10.3.6 长坡短阶

景点高差不大但前有场地，用这种方式。实际上是提前区分、组织人流，也成为一种特殊的长鼻形交通景观。注意布置不影响左右行人，如设计为无障碍通道坡缘需折边。中日寺院都有相似实例，坡度近1/20（图10-3-24）。实际上日常也会遇到这种情况，使行人不甚理解（图10-3-25）。

图10-3-24 长坡突出，台阶在后，是一种特殊景观　　图10-3-25 坡缘宜有折边，以不妨碍交通为要

10.3.7 长阶短坡

在商业区长台阶上设坡，要方便人行搬运，满足行李车、自行车、轮椅车、婴儿车等通行需要，也是长交通的一个停顿节点。但是为避免妨碍横向交通往往较为陡峭，坡度近1/8并不安全，好在坡短（图10-3-26~图10-3-28）。

图10-3-29则是节10.3.6与节10.3.7的一种中间类型，坡阶较缓，效果较好。

图10-3-26 长交通的停顿点　　图10-3-27 长交通轮椅坡道　　图10-3-28 临时管道不宜　　图10-3-29 短坡配短阶

10.3.8 阶坡一体

阶、坡垂直交叉，坡度一致，融为一体。斜体面形成阶上多重坡道，或者说是坡上多重台阶。对单纯的平面坡道，表现为材质和纹理的不同，具有防滑的功能的同时，也要虑及景观面貌的优美，图10-3-30中的5张图供对照。

立面高度上则有凹凸不平的区别，在观感上有收敛和张扬的不同，形成一种特殊的地面景观（图10-3-31~图10-3-33）。

图10-3-30 坡阶的排列有使用的需要，也求肌理美观，甚至有多重交替的魅力

展开来说，景观路径就是不同斜度的坡与阶、梯之组合，其趣味在上下迂回之间，功能和趣味并生。设计者要体会到特征的形成来自诸多细节。

图10-3-31 阶凹及阶凸坡面

图10-3-32 平坡及平阶

图10-3-33 坡面不同材质纹理

10.4 阶、坡轴线斜交

坡道与台阶轴线斜向相交，在同一斜面体上，便于台阶上下、坡道迂回通行。有时这种相交，会组成一组组连续的、独立的景观，如湖南某中心城市中轴（图10-4-1、图10-4-2）。详细分析，由于标高、角度、阶尾的变化，形成各种不同景观。

在台阶因坡道蜿蜒曲折，表现力极强。坡道与台阶轴线斜向相交最脍炙人口见美国某图书馆（见图10-4-19右图）。这种切割的配合也产生了许多引人遐思的艺术构图，等待深化发挥。

在阶坡坡度选定后，可求与台阶轴线相交形成的平面角度设定：

（1）台阶每级宽b_1=360/mm，每级高h_1=120/mm，台阶坡度i=1/3坡阶轴线相交角度α_1= 18.43°（图10-4-3）。

（2）坡道坡度取i=1/10，当h=h_1=120mm，b_2=1200mm 时，（α_1=5.71°）B_2=1206mm，坡阶轴线相交角度α_1=5.71°（图10-4-4）。

景观设计中的垂直交通——阶、坡、梯

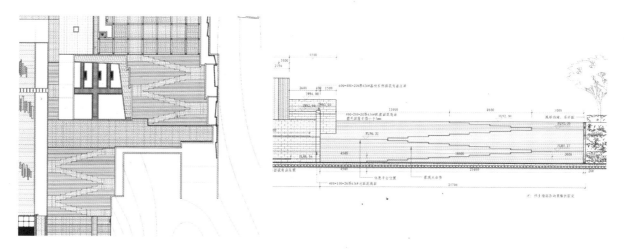

图10-4-1 阶坡交叉的平面位置及立面

图10-4-2 建成后的效果

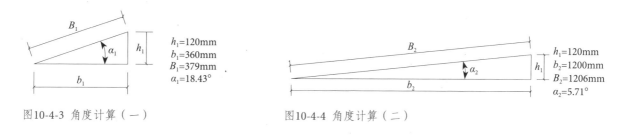

图10-4-3 角度计算（一）

h_1=120mm
b_1=360mm
B_1=379mm
α_1=18.43°

图10-4-4 角度计算（二）

h_1=120mm
b_2=1200mm
B_2=1206mm
α_2=5.71°

（3）台阶坡道相交形成的平面三角形。当 h_3=b_1=360mm，B_3=b_2=120mm，b_3=1145mm，阶坡轴线相交角度 α_3=17.46°（图10-4-5）。

按以上设定，如果选定阶坡 i 和交角 α_3，也可以掌握坡道坡度 i。注：本图视坡道为斜平面，忽略横坡 1/50。

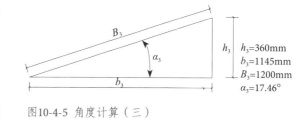

h_3=360mm
b_3=1145mm
B_3=1200mm
α_3=17.46°

图10-4-5 角度计算（三）

10.4.1　阶、坡轴线斜交——单边

很多时候阶坡交接是单边的，本节在分析时以此分段。目的是由此入门容易说明，并非单边者不能做双边。

1. 由硬至软

交叉有从硬质材料到软质材料的,如在道路、广场与绿地之间。台阶铺装逐层伸入自然界中,相互依存,与一刀切的挡墙、缘石相比增色不少(图10-4-6)。实际上台阶是顺应了地形的变化,解决了坡地由浅入深的铺装高差(图10-4-7)。

2. 阶尾平接

阶尾平接这种方式最常见到(图10-4-8)。但在图10-4-9上表示时,按右边标高,可得到图10-4-8所示效果;按左边标高,阶面尾部会有一个三角形小斜坡(图10-4-9中灰色阴影部分),并不美观。

3. 阶尾削平

阶尾一段做斜面,与坡道平接(图10-4-10),这种方式化挡土墙为台阶,在有较大高差的广场、地段很适用。图10-4-11中,阶面尾段用深色表示与台阶同样材料的斜面。

4. 阶尾三角形

阶尾三角形尖端点与坡道接平,台阶侧面也呈现三角形(图10-4-12)。坡道的铺装线方向

图10-4-6 阶面逐层融入草坡之中

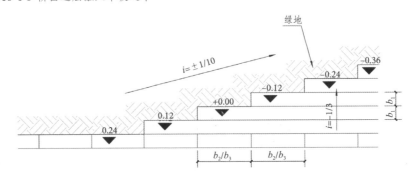

图10-4-7 软硬质铺装高差示意

图10-4-8 硬质铺装之间相互平接交叉

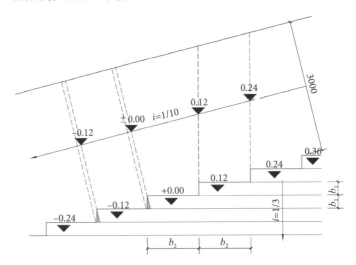

图10-4-9 示意图

景观设计中的垂直交通——阶、坡、梯

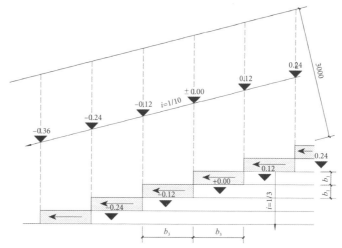

图10-4-11 阶尾削平示意图

图10-4-10 阶尾一段削平　　　图10-4-12 阶面及侧立面均显示三角形

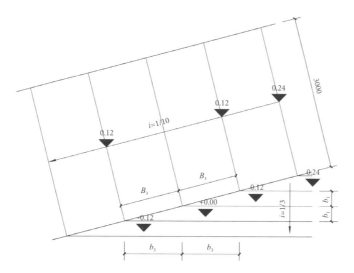

图10-4-13 单边交替尖角分析图

图10-4-14 阶侧面呈梯形

不受影响。这种方式道路边缘笔直、台阶有较强的切削感；阶级尾部踏面较狭，但不致影响使用（图10-4-13）。

5. 阶尾梯形

如果图10-4-13中道路的标高降低一级或二级，道路边缘仍然笔直，台阶的侧面形成梯形，道路具有很强的切削感、泾渭分明（图10-4-14）。但此时台阶末级高大于150mm且为变量，行走时难免"步履蹒跚"。

6. 阶尾变坡

此项阶、坡斜交特点是其中一个边、顺应道路斜坡，与之亲密交接无间（图10-4-15）。因此在阶尾所形成的三角形中（图10-4-16中阴影部分）的第三边，即数学上的对边，必然也是斜的，构成一个立体三角形平面，即阶面变坡。至于坡道中铺装线与轴线是垂直（右）或斜交（左），只要B_3不变即无妨（图10-4-16）。

当然也可以把台阶提高1~2级，从坡道下阶，有个高差变化。

这种款式从踏面说，一是要转折，二是不平坦，上阶要留神。但从路面上说是和顺、抢眼的，观赏性大于实用性。

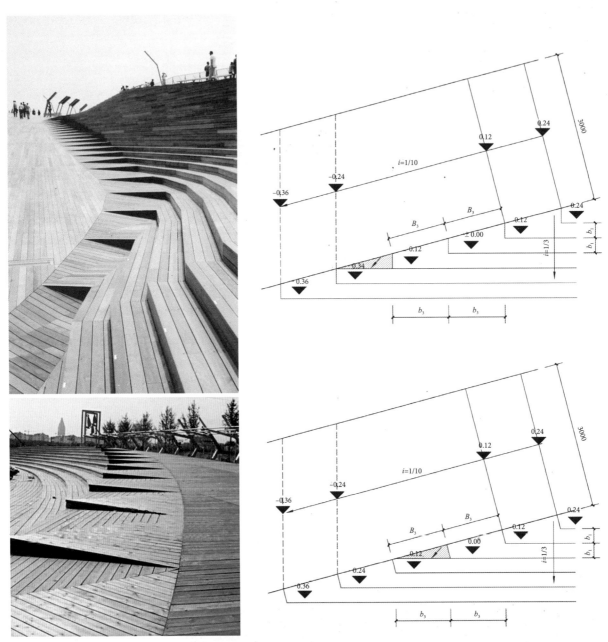

图10-4-15 阶尾变坡与台平接图　　　　图10-4-16 阶尾变坡分析图

景观设计中的垂直交通——阶、坡、梯

10.4.2 阶、坡轴线斜交——双边

1. 标高对等

台阶与坡道相交，当坡道两侧阶面标高对应相等时，两个侧面平接，便于台阶人行上下通行，整个阶面完整流畅（图10-4-17）。注意这时的铺装线与坡道中轴线是斜交的（图10-4-18）。

图10-4-17 双边交替标高对应效果图

2. 标高错开

当两侧阶面标高错开时，两侧一边平交一边高起，人行或手推车在坡道上行动有安全感，因此关键是面层标高（图10-4-19、图10-4-20）。

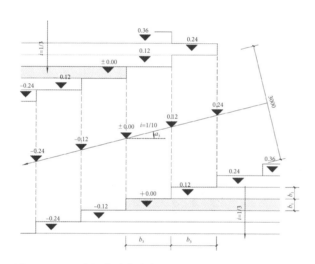

图10-4-18 双边标高对应分析图

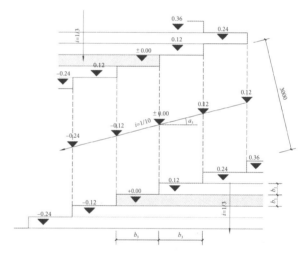

图10-4-20 双边标高错开分析图

图10-4-19 双边交替标高错开效果图

3. 坡道升降

当坡道标高升高穿越台阶时，两侧边阶缘出现不高起尖角。但因坡轴与水平线斜交，坡道上下通行有倾斜感，同时要注意上下层台阶排水。从景观上说，对于开阔的台阶，此时坡道仿佛一道非常明显、飘逸的丝带（图10-4-21、图10-4-22）。

图10-4-21 坡阶轴线斜交，坡道标高升高穿越台阶

与本书10.5.5节"阶尾梯形"相似，坡道与台阶轴线斜向相交，当坡道标高降低时穿越台阶，两侧边阶缘出现高起尖角，坡如宽沟要注意排水，上下通行易踩足，也不美观。

4. 饰面线型

有8项注意事项供参考。

（1）面材。坡道与台阶的铺装面，有时一致或微差，有时不同或迥异，效果一种是场面统一，一种是场面对比（图10-4-23、图10-4-24）。

（2）级缘。由于阶坡交叉不可避免使台阶级差变异，常有突出台阶级缘色彩、材质的设计，以引起注意，或者是几级一色变（图10-4-25、图10-4-26）。

图10-4-22 坡阶轴线斜交，坡道标高降低穿越台阶　　　　　　　图10-4-23 材质迥异

图10-4-24 材质微差　　　　图10-4-25 突出级缘材质色彩　　　　图10-4-26 材质、色彩分段变异

景观设计中的垂直交通——阶、坡、梯

（3）线型。坡阶相交处三角形平面铺装，可调节坡阶视角范围。上海西藏路是把三角形平面做坡道铺装的一部分（图10-4-27）。而良渚则是把坡道之边整直，三角形平面取另一种铺装（图10-4-28）。实际上这是铺装线型依据台阶或者强调坡道轴线的不同。前者较为常见。

（4）视点。坡阶相交之视觉效果鸟瞰时最为优美。仰视往往使踏级复叠，湮没交叉细节（图10-4-29、图10-4-30）。

（5）交角。双边双面轴线相交，在坡道转弯处要避免尖角突出或断裂，使铺装面不安全不连续情况。这种情况在双边标高错开或尖角交接时较多出现。同时相交长度也不能太短以致不能形成景观（图10-4-31、图10-4-32）。

（6）光影。平面与立体是阶及坡的差异之一，规划时要考虑阳光照向的阴影效果，让阶梯层变的趣味盎然表现出来（图10-4-33）。例如在上海要放朝南面，朝北就没有这么动人了。

图10-4-27 三角形平面做坡道的一部分　　图10-4-28 把坡道之边整直　图10-4-29 澳门渔人码头城市广场

图10-4-30 俯视效果优于仰视　　　图10-4-31 双边标高错开或尖角的交接转弯处

图10-4-32 相交长度太短　　　　图10-4-33 交叉的光影效果

（7）阶变。当台阶变异时（参见第5章和第8章），交叉的造型跟着蜕变。例如错位台阶与坡面交叉，侧立面会显示出一个较大的三角形（图10-4-34）。又如台阶与坡面交叉，阶尾削平可设计成长短不齐、低头俯首的阶条（见节8-5）。

（8）装饰。台阶平台要充分装饰利用（图10-4-35）。有时这种交叉变异，会被设计为地坪纹理，并没有交通上的必要，仅仅是一种立体造型，一项景观设计（图10-4-36）。

图10-4-34 侧立面显示出大三角形　　图10-4-35 台阶之平台装饰利用　　图10-4-36 地坪纹理造型

10.5　阶、坡平行直交

有时候台阶的水平踏面，在局部做成倾斜的坡面，与下阶相接。因台阶同时存在平、斜2种踏面，此隐含不定因素，行走时要注意。这种形式坡度要和缓自然，尤其要注重阶梯形式的变异带来的新颖感。

10.5.1　走向平行

当台阶中的斜坡坡向与台阶的走向平行一致时，走斜坡的人，要么反复曲折，要么阶坡交替，并不方便，但有情调。因台阶踏面宽度、斜坡坡度有规律地的变化，走台阶的人受影响不大（图10-5-1）。

如果要使坡道与台阶踏面平稳交接过渡，二者坡度应一致，台阶坡道后半踏面一体。如果台阶的标高大于坡道，交接处会出现悬挂阶板如刀片般切坡道的造型（图10-5-2）。

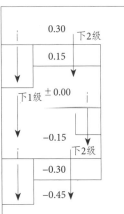

图10-5-1 走向平行，斜坡曲折　　　　　　　　图10-5-2 刀片般切削坡道

10.5.2　走向垂直

当坡面的坡向与台阶的走向垂直时，部分台阶踏面为斜面并不适合行走，也不适合行车，除非踏面变得宽阔。这时可以一坡到底，也可以是分级降坡、双向X形，甚至无序变坡，也可视为错步、变坡台阶的乱形（图10-5-3~图10-5-6）。

这是长台阶的一种造型变异，在广场人少处设置一段，也颇风趣。

10.5.3　弯道变坡

弯道变坡用于当平面为圆弧形、如道路交叉口时，坡道与台阶的相接。

如果逐渐拉大台阶踏面，减小踢面，以至台阶、坡道的斜坡角度一致，台阶和坡道也就融为一体。这段台阶的踏面，实际上是逐渐由平变缓的，但是保留原材料（图10-5-7、图10-5-8）。

还有一种就是修改平面形状，逐级平接至阶尾吻合，但高差不宜太大（图10-5-9）。

10.5.4　无序变坡

当台阶变异为无序随意时，有几种不同情况。

一种是踢面做成曲形，坡度也跟着无序变化，台阶痕迹渐存，但不宜在要道使用。作为一种地坪纹理，倒是很值得怀念的（图10-5-10）。

还有一种是踏面做成曲形，坡度也跟着变化，台阶痕迹犹存，步幅发生变化，类似于变坡台阶，但其踏面之尺度已与平台无异（图10-5-11）。

图10-5-3　坡向垂直阶，一坡到底

图10-5-4　坡向垂直阶，逐层错位

图10-5-5　坡向垂直阶，X型坡向

图10-5-6　双方向X形坡

图10-5-7　由平变缓，融为一体

图10-5-8　拉大踏面，保留材料（宁夏）

图10-5-9　修改平面形状以符合坡的实际情况，逐级平接

图10-5-10 台阶无序变异　　　　　　　　　　　　　　　图10-5-11 台阶无序变异

10.6　阶、坡配合实例

　　横滨国际客运中心码头由穆萨维（Farshid Moussavi）及波罗（Alejandro Zaera Polo）设计。建筑约宽70m，长470m，高15m，一层为机房、停车，二层为出入境厅，三层为屋顶花园。这座建筑的地面、屋顶、墙面、相互穿插结合，没有明确的交界。建筑师把界面区分为7类：功能、面性、方向、凹凸、多样性、几何性和不连续性。这种构思奥妙无穷，阶坡配合无与伦比（图10-6-1）。

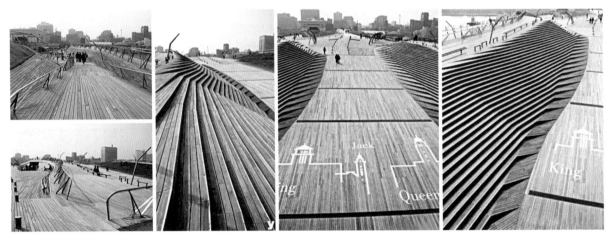

图10-6-1 横滨国际客运中心码头屋顶花园的界面景观

10.7　阶、坡配合设计

10.7.1　阶坡斜度的变化

　　在一座阶或坡中同时出现陡峭、平缓多种倾斜角度，这种变化要巧妙地化解，严密地配合。它造就新颖景观，也创造适合使用的条件，本身也是一种设计手法（图10-7-1~图10-7-3）。

图10-7-1 两种坡度的交接　　　图10-7-2 3种坡度造就平台　　　图10-7-3 多种坡度的组合

10.7.2　阶坡交角的变化

当台阶坡度斜交，要仔细计算角度，使踏面前锋（阶尾）正好与坡道持平，和谐顺接（图10-7-4）。当台阶坡度确定（b_1及h_1即）后，阶坡相交角度决定坡道的缓与陡。当90°相交时，两者的坡度相同；当180°相交时，坡道和台阶平行，此时要考虑侧立面和栏杆的重叠。

图10-7-4 阶坡交角变化的实例

10.7.3　阶坡标高的配合

如果没有详细地研究建筑大门、平台、景点与环境人流、标高、外形，很可能产生台阶步高不一的毛病，导致美观和安全隐患。即使在城市重要的地段，也可见到这种情况（图10-7-5）。

10.7.4　阶坡配合的制图

绘画中由于习惯以坡道中心为轴，两边台阶铺装线往往垂直于轴（图10-7-6）。但此时台阶踏面扭曲，无法正常使用，只有阶、坡相交为直线而非曲折时可以这样用。图10-7-7表示在短距内使用并不一定"好用"。

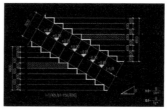

图10-7-5 人行道与建筑外广场之间的坡向标高需协调
（上海淮海中路）　　　图10-7-6 经常见到的图案　　　图10-7-7 短距内使用

以上几种做法，坡道像一根带子在台阶中盘桓，台阶如刀片般切削缓坡，是非常敏感、时尚、新颖的。在使用时，往往几种景观做法糅合在一起，要在规划中反复酝酿。

10.7.5　阶坡配合的瑕疵

坡道、台阶、平台位置不佳，超长过高，外形混沌，配合欠妥，是配合常见的瑕疵（图10-7-8~图10-7-12）。

图10-7-8　坡道过长过陡　　　　图10-7-9　斜坡位置不佳　　　　图10-7-10　没结合成整体　　　　图10-7-11　独立缘石跸足

图10-7-12　阶坡关系不妥　没有形成景观所需面貌

10.8　其他形式的相交

10.8.1　特殊目的

台阶、楼梯与坡道的配合，除了造就奇特妙趣，还有其他深层的功能意义。例如台北圆山大饭店有东西两条防范安全"秘道"，东道长67m，84级台阶，西道长85m，74级台阶，为了让行动不便者快速逃生，在入口处配合设了一段20m长滑梯道（图10-8-1）。

图10-8-1　台北圆山大饭店外景及双色台阶

10.8.2　娱乐与交通

从使用来说，有人、车交通的需要，也有因娱乐需要所形成，如旋梯外之滑梯、滑坡外之台阶，这种形式是非常活泼可爱的（图10-8-2~图10-8-7）。

行车台阶上铺板可均布荷载，减少顿挫。后退台阶可挡陡坡土方。

景观设计中的垂直交通——阶、坡、梯

图10-8-2 旋梯外之
滑梯

图10-8-3 滑梯外设台阶

图10-8-4 滑坡两侧之台阶

图10-8-5 滑坡中
之变坡台阶

图10-8-6 各种机动车及非机动车通行

图10-8-7 阶上铺坡和挡陡坡台阶（柬埔寨、日本）

10.8.3 其他形式

除了以上，还经常见到阶梯与自动扶梯、电梯的配合（图10-8-8~图10-8-13）。同一种类型的交通，只要改变方向、坡度，就需要配合，要与专业生产单位密切合作。这里要在动线明确、衔接紧密的基础上考虑景观。

图10-8-8 交通大厅，引入景观

图10-8-9 动线明确，节约用地

图10-8-10 不同交通方式便于衔接

图10-8-11 两种交通交叉

图10-8-12 两种交通分开

图10-8-13 侧墙不一样高

自动扶梯、电梯可能由于种种原因出故障，甚至人命事故，在维修保养期间尤其注意（图10-8-14~图10-8-16）。

图10-8-14 要便于疏散

图10-8-15 台阶长度突出

图10-8-16 两种交通高差

10.8.4 临时使用

为了使用上的方便、防滑、防跌，会有多种的办法，应采用最直接、节约的方式，也等待你去完善和发掘（图10-8-17~图10-8-19）。对于传统建筑台阶的"高门槛"不便，临时搁板也是一种解决办法（图10-10-20）。

图10-8-17 临时垫块

图10-8-18 临时浆粉

图10-8-19 临时贴膜

图10-8-20 临时搁板

景观设计中的垂直交通——阶、坡、梯

Chapter 11

第❶❶章
节点详设计

细节决定成败。本节为表面排水、照明、地毯、栏杆、无障碍通道等五部分与景观密切相关的内容。请以不以事小而不为，要于细微之处见精神的态度，认真对待。

11.1 阶梯表层排水

11.1.1 平台设沟

较宽的室外台阶、坡道，为避免大雨时径流叠加，产生如瀑布般溢流，要在分段平台上汇水。水量大用盖板明沟，水量小设浅明沟（图11-1-1）。位置在平台贴近上层末级踢面，形宜狭深，避免开人的足迹，注意隐蔽（图11-1-2）。如在平台贴近下层边缘（下层最上一级踏面），则不易隐蔽且易与安全提示、导盲板冲突（图11-1-3）。

图11-1-1 水量小设浅明沟　　　图11-1-2 近上层末级汇水　　　图11-1-3 近下层首级踏面汇水

11.1.2 两端汇水

软质景观中的台阶，水量小用植被滞水，水量较大改用碎石，水量大设明沟排水，但汇水后宜用暗管过路（图11-1-4、图11-1-5）。如系绿地的谷线，可设块石明沟，逐级跌落外排，设计好了，层层叠叠也是一种"谷方"景观（图11-1-6、图11-1-7）。

图11-1-4 植被滞水　图11-1-5 碎石汇水　　　　图11-1-6 谷线跌落

图11-1-7 石砌明沟排水，暗管过路

如考虑雨水的渗透利用，草沟汇水线宜离路缘约1m，随地形迂回曲折，避免铺装基层长期水浸潮湿。

硬质景观中的台阶，水量小用降低粉刷面集水，水量大设各类明沟。坡道左右两端，水量小用横坡向两侧散水，水量大设盖板明沟集水（图11-1-8~图11-1-11）。

图11-1-8 粉刷线汇水　　　　　　　　　　　图11-1-9 排与堵做法不同 图11-1-10 边缘狭沟汇水

图11-1-11 各类边沟的美化（玻璃砖、砂砾、线条）

景观设计中的垂直交通——阶、坡、梯

人迹罕至处明沟开口、人多处用盖板，以保证安全并节约用地。无论开口或盖板都要注意对景观和使用效果的影响。如上海公共场所共有检查井649万个，涉及18个单位，要协调并非易事（图11-1-12）。

11.1.3 微弧平面

宽阔的台阶平面如呈微凸弧形，两端铺装面略低，可使雨水向两侧流动，减少中部向下的汇流，也可以抵消台阶内凹的透视错觉（图11-1-13）。狭窄的台阶如为弧形平面，则有延伸阶线、开拓视宽的错觉（图11-1-14）（详见9.3.3节）。

图11-1-12 注意对景观和使用效果的影响

图11-1-13 宽阔平面呈微凸弧形

图11-1-14 弧形台阶可延伸阶线，开阔视野

11.1.4 踏面排水

室外踏面排水要通畅。阴地积水易生苔藓，冷地积水易结冰霜，都不利使用，选铺装类型要在"适用经济"和"生态面貌"中取得平衡（图11-1-15、图11-1-16）。例如阴冷地方，用木桩砂砾和石板台阶，从防滑、排水这方面说效果截然不同。

图11-1-15 阴地积水生苔藓，冷地积水结冰霜

图11-1-16 不易积水结冰（日本）

在阶梯设计详图上踏面排水一般表面坡度为1/100，毛糙面坡度为1/50。如果没有说明，可按踏面宽选择做5~12mm高差。

台阶、楼梯、坡道侧面为使用空间，踏面需防飘水和滴水以及沿顶面渗水（图11-1-17~图11-1-20）。

台阶表面排水坡见本书8.4.6节。

图11-1-17 石面做弯　　　　图11-1-18 贴面升高　　　　图11-1-19 侧边反起　　　　图11-1-20 挑出防挂

11.1.5 建筑防水

建筑顶层的阶面，要注意下承面防水，累积的渗透水往往在下层薄弱点涌出。上海图书馆、虹口体育馆室外大台阶均存在不同程度的渗漏、滴挂情况（图11-1-21~图11-1-25）。

图11-1-22 表面溢水　　　　图11-1-23 下垫面渗漏

图11-1-21 潮湿泛碱　　　　图11-1-24 侧面滴挂　　　　图11-1-25 下侧面包边

11.1.6 设计合作

景观、建筑、市政等排水设计方面，与水专业的分工交接点不明确。从景观设计方面，应指定地面的排水坡度、坡向、类型，选定进水口的地点，对建立海绵渗透贮蓄系统提出建议。在特殊情况下，要考虑避免阶梯成为排泻的出口（图11-1-26）。

图11-1-26 排泻出口

景观设计中的垂直交通——阶、坡、梯

11.2 阶梯照明

景观阶梯坡多处于室外风雨霜雪环境，人流量极不平衡，尤需注意老幼及安保问题，充足的照明绝非儿戏。但是绿地中过度照明，对人、动物、植物生态都不利，甚至可能导致夜行性动物生态失调、植物落叶等，应予避免。

11.2.1 位置

在广场、道路、绿地的台阶坡道两侧，开阔、人多地段用广场灯、道路灯，优雅、较窄地段用庭园灯（图11-2-1）、草坪灯（图11-2-2），需要提醒高差地段用地埋灯、足灯、嵌墙灯。台阶踢面下条形LED灯方便区别台阶级线，对安全有重要作用。如有建筑照明配合则更好（图11-2-3~图11-2-5）。

图11-2-1 庭园灯　　　图11-2-2 两侧和中央的草坪灯

图11-2-3 庭园踢面足灯　　　图11-2-4 户内踢面足灯　　　图11-2-5 栏下地埋

玻璃阶梯照明，晶莹剔透，常为全局亮点，一般用于室内。在重要入口，常于踢面、栏杆、两侧挡墙加装饰、广告嵌墙灯（图11-2-6~图11-2-7）。

图11-2-6 装饰嵌墙壁灯　　　图11-2-7 建筑隧道夜景

11.2.2 要求

阶梯坡照明的亮度按专业要求执行。景观阶梯坡照明，在人迹罕到公共绿地，要满足阶梯安保需求（图11-2-8）；在私邸别墅，至少要保证阶梯首、末端及平台的亮度（图11-2-9、图11-2-10）。

图11-2-8 公共绿地安保亮度　　图11-2-9 台阶首、末端有灯　　图11-2-10 平台有足够光亮

11.2.3 导向

在照明情况下，台阶与周围环境对比加大，而且突出要点，因此景观构成更显重要，在景点、公共建筑、交通中可起导向作用。但要避免在各个方向产生刺目眩光（图11-2-11）。

图11-2-11 照明是景观构成之一，也是交通引向一部分

11.2.4 夜景

阶梯广场不论白天黑夜，都是城市景观的构成，而广场照明更是城市夜景的重要组成，而且往往规模恢宏。但要避免大量人流在台阶上下两个方向集中，避免事故发生。

图11-2-12 城市照明夜景也是城市一张名片　　　　　　　　　　图11-2-13 重点景观夜景

景观设计中的垂直交通——阶、坡、梯

11.3 地毯压辊

铺设地毯，往往表示一种规格和待遇。鲜红的地毯，挺坦的地面，锃亮的铜辉，会使氛围为之一振，为迎接贵宾、寺庙喜庆节日所用（图11-3-1）。

图11-3-1 铺设地毯表示一种规格和待遇

地毯还可供安全保护，英、德等国领导人，都曾发生下阶梯时因穿高跟鞋而扭伤事件。长的阶梯往往在中心一段铺地毯，延至大厅内外。

地毯压辊常用抛光铜管、不锈钢管

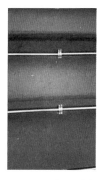

图11-3-2 边缘节点　图11-3-3 中间节点　图11-3-4 不保持平坦则看起来丑陋

（ϕ50~75×1.5mm）、无缝钢管（ϕ18×1.2mm）。卡管件与管配套，两头边缘固定，中间节点根据平面形状，在平坦规整处间距3-4m（图11-3-2、图11-3-3）。没设地毯压辊的地毯，常在踢踏面交接处拉线，否则卷材不易保持平坦（图11-3-4）。圆弧形位置不易铺尤须用心（图11-3-5）。

在室内，地毯为家装重要内容；在室外，可因需因时而用，因此装卸要方便（图11-3-4、图11-3-5）。虽说在景观设计中使用地点和频率有限，但重要性是不可替代的。

地毯还常是地坪色彩变化的载体，但要在铺设平面和花型之间协调并不容易。

图11-3-5 圆弧形尤须　图11-3-6 博物馆入口大地毯　　　图11-3-7 富丽堂皇的宫廷红地毯
用心

11.4 无障碍设计

详见本丛书中《景观设计中的地坪铺装》，本节仅提出几项阶梯中的注意点。

（1）公园绿地主要道路、广场、景点应采用无障碍设施，重点关注高差变化处（图11-4-1）。

（2）建筑景点入口设台阶时，应同时设有轮椅坡道和扶手。在人流、平面变化大的地方尽量以坡代阶。

（3）台阶的转折、观景平台宽不小于1.5m，占地不小于1.2 m×0.8m。实际上这里往往是轮椅停顿，群众歇足和观景的地点。

（4）上下平台设行走、停止指示板，扶手连续并外伸，扶手有盲文指示点（图11-4-2、图11-4-3）。

（5）踏面唇口悬出不宜直角。板材缝宽限制不大于15mm。不设踢面的阶梯不利于残疾人行走。

（6）梯下三角形空间防止盲人误入，应加入景观布置（图11-4-4~图11-4-6）。

图11-4-1 无障碍设计及说明

图11-4-2 缘石坡道及警示　　　　　图11-4-3 上下平台设轮椅坡道指示板点

图11-4-4 梯下空间防止误入　　　图11-4-5 踏面扶手有盲文示点　　　图11-4-6 升降梯节约占地

景观设计中的垂直交通——阶、坡、梯

11.5　阶梯的栏杆

栏杆对阶梯的景观和影响很大。阶梯栏杆的设置要求见本书3.7节。梯脚装饰见本书6.4.3节。栏杆、扶手用料种类极多，如玻璃、实木、金属、砌墙、钢筋混凝土，选择时应与整体配合，与阶梯的体形协调（见第8章）。

11.5.1　自然隔离

景观设计常以花坛、景石、流水、种植分隔，使阶坡防护天然化、人性化、艺术化。当高差小、坡度和缓时，阶、坡、梯与环境融为一体为上策。当阶、坡情况超越规范要求（见本书3.7.1节），需要设置栏杆，当然其款式和建筑台阶有所不同（图11-5-1~图11-5-4）。

11.5.2　阶梯扶手

靠墙扶手经常是显露的，有时扶手是隐藏于墙内的，或置于墙上，以减少占用面积。扶手宜与栏杆结合，也可置于栏外、绿地，但不宜重复（图11-5-5~图11-5-11）。当台阶侧面由墙体变为透空时，扶手延伸为栏杆。台阶、坡道两侧出地面时注意布置围护，包含地下车库侧壁。

图11-5-1 绿丛之中

图11-5-2 软质围栏

图11-5-3 花坛景石　　图11-5-4 地形挡墙

图11-5-5 扶手隐藏于墙　图11-5-6 扶手置于墙上　　图11-5-7 扶手在玻璃内　图11-5-8 扶手出自绿地，扶手在栏杆外

图11-5-9 扶　图11-5-10 阶坡竖向栏杆　　图11-5-11 坡道无栏杆
手接栏杆

扶手两端外伸不小于0.3m；连续的扶手有引导作用，因此除中栏外，中间宜统长，偶见在平台足宽时断开、分段安装。这些要根据情况选择（图11-5-12~图11-5-15）。

图11-5-12 栏杆分段

图11-5-13 因台宽分段

图11-5-14 因树坛分段结合坡栏

图11-5-15 因平台分段

如果突破扶手的高度限制，可得优美艺术曲线，如上海南京路地铁站，做了一段自由曲线扶手，某商场做了一段金属变截面扶手，让人为之心旷神怡，国外也有这样的案例（图11-5-16）。

扶手圆管离墙净距40~60mm（无障碍设计为35~45mm）。户外钢管直径一般为35~45mm，最适于抓握；室内用木枋，圆木直径70mm，下垫钢板。

靠墙景观台阶宽度即使较小（不大于1.6m），考虑老弱病残，也常做扶手。如果是一段有墙，只需让扶手与前后栏杆一致即可，单边有墙也是这样，不必强求两侧对称，但忌形、色彩粗俗不设或不配（图11-5-17~图11-5-20）。

图11-5-16 艺术造型和材料扶手

图11-5-17 缺少扶手

图11-5-18 色彩庸俗

图11-5-19 造型粗糙

图11-5-20 前后无延伸

11.5.3 宽阶中栏

在有集中人流量的景点、广场、干道、体育、影视等地方宽阶必须使用中部栏杆。中部栏杆强调导向、分流、扶持，宜简洁不需过多的装饰；考虑中间栏杆两侧都有行人，扶手常做单柱双管（图11-5-21~图11-5-25）。在人流量大的公共场所，经常有儿童出入，宜做2种高度（85cm及65cm）。其中图11-5-23中扶手用曲折形式不利连续把握，也不便施工，仅供参考。

景观设计中的垂直交通——阶、坡、梯

图11-5-21 单管中栏

图11-5-22 复杂中栏

图11-5-23 曲管单柱

图11-5-24 双管单柱

图11-5-25 双高中栏构造

不管台阶方向、坡度转换，栏杆杆件应与阶面垂直。在人流集中处还需与限流、泄水、斜坡、小品配套。此细节应在设计时注意（图11-5-26~图11-5-29）。

图11-5-26 配合小斜坡

图11-5-27 配合限流

图11-5-28 配合泄水

图11-5-29 栏中小品

宽阔的台阶时有结合绿带布置，并在平台处上下错开、开口，让横向能通行。台阶的中部栏杆，一般位于中轴线，希望能通过道路平面的变化，取得较佳的斜向透视角度（图11-5-30~图11-5-32）。

图11-5-30 栏杆垂直阶梯

图11-5-31 错开留口

图11-5-32 正视斜视角度比较

实践中宽阶中栏的取舍讨论最多。景观设计中的阶"阵"，并非都属于主要交通线路，也有的没有瞬间集中人流。全部设置中部栏杆，会使视觉重叠，影响观赏。这时栏杆宜偏向一侧，在人流通过一段设置，其他地方设行动指示标志（图11-5-33）。

图11-5-33 只在人流通过一侧设置中部栏杆（日本）

园林中的行人次要干道，没有集中人流，在地形变化时，应逐段、分级上升，尽量与周围环境平接，或留有缓冲带，以确保安全。但对于圆弧形阶，宜尽量均置中栏。

图11-5-34 比较（两侧栏杆与五道栏杆）

是否设置中栏除了阶宽限制，还要关注使用性质、台阶形状、景观效果，尤其是瞬时人流量的多寡（图11-5-34~图11-5-36）。

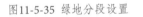

图11-5-35 绿地分段设置　　图11-5-36 圆弧阶尽量设栏

11.5.4　实砌栏杆

实砌栏杆有条石、砖砌、钢筋混凝土等材料。当景观阶梯设计为示意性低栏时，可采用条石、钢筋混凝土，兼坐凳，再高时可砌造花坛（图11-5-37、图11-5-38）。当设计为中高的防护、警戒性栏杆时，可作观景栏杆，这常是立面的一部分。当为较高的围护性栏杆时，可为透明玻璃。如能不用栏杆达到隔离的目的，即以空间代替纯粹的高度，是为上上策。

要充分发挥实砌栏杆可做外粉刷的特点，避免闭塞，如西班牙高迪设计公园（图11-5-39）；充分发挥钢筋混凝土的可塑性，适当做造型，如台北中山纪念堂（图11-5-40）。

我国传统建筑的坡道、台阶，在木栏杆、砖砌栏杆、石栏之外，还有琉璃屋脊形式围护，在宫殿红墙上形成一道耀眼的黄色条带（图11-5-41、图11-5-42）。

图11-5-37 石栏板柱　　　　图11-5-38 栏兼花坛　　　　图11-5-39 装饰粉刷　图11-5-40 钢筋混凝土造型

图11-5-41 传统建筑木、　图11-5-42 传统建筑中式琉璃屋脊型围栏和西举栏式比较
砖、石围栏

11.5.5　管线栏杆

从拉索到垂链，从竹竿到木椽，从钢管到复合材料，管线这种形式最常见，因其透视性好，价廉，高低、粗细咸宜（图11-5-43）。要根据环境选择其显要程度。

图11-5-43 绳、索、垂链及硬质杆件

栏杆的图案款式。在危险处，需控制栏杆距。我国净距为11cm，美国约为5英寸。在其他地方宜以一当十，以简胜繁，有时仅需一两道线（图11-5-44）。

栏杆有时也可作为装饰元素来考虑。如俄罗斯某宾馆，用一巨大的管线做栏杆；日本某地则用钢杆纵横曲折，是低栏，也是坐凳；在我国栈道则多见英式木构原型，经粉刷装饰，各具风情（图11-5-45~图11-5-46）。

图11-5-44 竹、木、仿木和不锈钢管

图11-5-45 从细到粗，从直至曲　　　　　图11-5-46 栏杆造型相似，色彩不同，各具风韵

11.5.6　酒瓶栏杆

酒瓶栏杆常见于西洋古典园林，栏杆上有花钵、尖塔、奖杯等饰品，国外有各种规格式样成品供应（图11-5-47、图11-5-48）。我国做酒瓶栏杆有多种材料：水泥砂浆、陶瓷成品、石材制品或GRC（空心）等，要善于选择。

围栏当其为建筑室外延伸的一部分，尤其是酒瓶栏杆这类传统形式时，重的是氛围，对称较为适宜。当其为景观部分时，按需而设，不一定两侧对称（图11-5-49、图11-5-50）。

在台阶和斜坡段，酒瓶轴线应垂直地面（图11-5-51）。其他类型和块料栏杆亦如此，如我国石栏。酒瓶栏杆因为扶手面宽，平面布置应让出足够位置。人多地方，避免采用临时或空心材料（图11-5-52）。

图11-5-47 台阶是建筑的延伸　　图11-5-48 台阶栏杆是建筑立　　图11-5-49 广场单　　图11-5-50 庭院单边栏
　　　　　　　　　　　　　　　　面一部分　　　　　　　　　边栏杆

图11-5-51 轴线垂直　　　　　　　　　　　　　　　　图11-5-52 选择合适材料

11.5.7 金属栏杆

普通金属栏杆常用铸铁材料，比较经济，但表面粗糙，易断裂，不易修复，铸铝较之铸铁性能优良，多见于图案造型简洁精致的栏板，锻钢最为优秀（图11-5-54）。景观设计要掌握的是合情合理的分配杆件间距，疏密相间又造型优美。

铁艺是锻造钢铁饰件的通称，可兼顾力的动态平衡，实现优美复杂的立体造型，容易让人联想到古典风格，富丽堂皇的装潢（图11-5-53）。现代铁艺栏杆多取传统造型中某个节点、某个图案进行简化，有资料图可采用。

图11-5-53 欧洲古典建筑中的铁艺栏杆

图11-5-54 现代建筑中的铁艺栏杆

11.5.8 玻璃栏杆

玻璃做装饰、栏板为现代建筑、小品所常用，是当前一种趋向，优点是隔而不断。上海某商场发生坠楼事件后，为确保安全把围栏加高至1.10m以上，即采用玻璃。

玻璃栏板的下端固定无需栏柱，有2种做法：①直线面，外侧面是一根斜直线，外型较简洁、受力合理，易施工，多用圆弧平面；②折线面，玻璃要预先按台阶踢踏板尺寸加工，外侧面可见阶内曲折，较为通透。如用点支固定，一般需设栏柱（图11-5-55~图11-5-60）。

图11-5-55 公共建筑入口玻璃栏杆

图11-5-56 加高玻璃栏板

图11-5-57 曲面玻璃栏板 　图11-5-58 下端直线　图11-5-59 下端折线　图11-5-60 可见台阶内部，较为通透
固定　　　　　　固定

　　栏板通常用双层夹胶安全玻璃，板长1m左右，一般为净白玻璃，若景观设计需要，有彩色、贴膜、丝网印刷供选择，恰当的选择玻璃会产生一种虚幻、迷离的效果（图11-5-61、图11-5-62）。

　　玻璃栏板一般用成品配件，由专业公司生产。设计者要注明使用位置、高度、扶手、固定方式（框支或点支）等，要点是安全、合理、美观（图11-5-63）。

图11-5-61 净白玻璃　　图11-5-62 花纹玻璃　　　　　　图11-5-63 点支固定玻璃

Chapter 12

第⑫章
阶梯的防滑

12.1　防滑重要性

　　统计显示自2001年9月1日至2011年1月31日，上海市共发生在校各类学生伤害事故2506起，支付赔偿金约2169万元。从伤害事故类型分析，骨折和摔伤居伤害事故前两位，且所占比例极高。以事故发生地点统计，概率从高到低依次为：操场、走廊、车棚、教室、校外、厕所。这主要与场地不平整，走廊和厕所湿滑，车棚乱堆杂物，教室黑板尖角裸露等有关。

　　垂直交通意味着高差，景观中阶、坡常用于室外，面对风、雨、雪、冰天气，防滑要求高于一般铺装，需采用防滑措施，必要时设防滑条。

　　不要把防滑看成包袱，选择合适材料和纹理，可达到防滑又美观的效果（图12-1-1）。

图12-1-1　自然环境下坡、阶、梯是防护重点

12.2　面层的防滑

　　（1）各种用途阶梯、坡道的结构要稳定，踏面要有可靠、足够的支持点，同时表面合乎防滑要求，例如汀形阶、土阶、草阶之加固等（图12-2-1）。

　　（2）景观台阶、坡道，以材料本身肌理和构造达到防滑效果为宜，如天然石材之粗犷、原木之年轮，突出自然风格（图12-2-2）。我国传统的，尤其是绿地中石阶，往往是粗凿面。

图12-2-1 阶梯踏面要稳定可靠　　图12-2-2 利用石料本身防滑　　　图12-2-3 首末端要有明显的标识

（3）台阶、坡道的首末起讫，光线、色彩、纹理或排水，变化要显著。在景观建筑小品中，宜有明显的标识（图12-2-3）。

（4）注意细部的设计。例如阶缘线所形成圆角不能太大（$R<30mm$），否则容易导致人滑倒摔伤（图12-2-4）。

（5）要特别重视扶手和栏杆在防滑、防跌、导行上的作用，尤其是有潜在危险的地方（图12-2-5）。在必要时，可放防滑地垫或涂防滑剂（图12-2-6）。

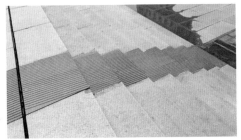

图12-2-4 级缘线圆角太大易导致滑倒　　图12-2-5 重视扶手和栏杆　　　图12-2-6 防滑地垫

12.3　防滑条使用

12.3.1　作用

（1）防滑。主要功能是防滑。阶梯构造中防滑条布置在踏面缘线，形成一道道防跌边界（图12-3-1）。

（2）警示。防滑条同时是一道提示高差变化的警示线，特别是在光线暗或色泽深的地方（图12-3-2）。

图12-3-1 台阶醒目的安全线　　　　　　　　　　图12-3-2 提示高差变化警示线

金属类的反光，非常醒目（图12-3-3）。选择防滑条，色泽宜与环境色形对比。

（3）减损。对于木质、卷材或其他柔软铺装，采用统长唇口、转角翻边防滑条，可以保护踏面唇口，起固定表皮作用（图12-3-4）。

（4）美观。防滑条设计要考虑细节的美观，同时配合阶梯平面、立面、剖面形状，镶嵌花纹、线条、彩灯（图12-3-5、图12-3-6）。

（5）导向。详细计划的防滑条，也可以起到导向作用。韩国有一家商场，入室和出室台阶用不同颜色的防滑条表示，简明扼要（图12-3-7）。

图12-3-3 金属反光十分醒目　图12-3-4 踏面唇口的保护线

图12-3-5 阶梯细部美化的延伸线　　图12-3-6 铺装中的起伏线　　　　图12-3-7 出入台阶的导向线

12.3.2　选择

1. 室内

材料、装修选型与建筑环境配合。如不锈钢黄铜因色彩鲜艳，可用在重要显眼处（图12-3-8）；铁制品牢固、耐磨，可用在工厂、仓库。

2. 室外

绿地中阶坡首选天然材料。道路、小品等选料、装修纹理要配合环境，利于快速排水避免冰雪。上海外滩石阶用拉丝线条，自上而下包含踢踏面，见图12-3-9第1～2张图。有时粗

图12-3-8 铜质装饰防滑条

拙木讷也是种美，见图12-3-9第3～4张图 ^{（图12-3-9）}。

3. 在踏面较为光滑或者人多拥挤、光线暗，考虑布置防滑条，需注意以下几个方面：

（1）能经受人、车，拉杆、重物震动，这是台阶损坏主因；

（2）不易磨耗、经久耐用，特别是软质表层、木材板面；

（3）易打扫清洁，不积灰、不滞水，成品宜有泄水槽；

（4）比踏面稍有凹、凸，但不绊足、不影响行走移动；

（5）较宽面可设图案，镶嵌其他材料也具防滑、醒目作用。

图12-3-9 石质装饰防滑条

12.3.3 布置

1. 位置

防滑条一般与踏板平行，距级缘线40~60mm。台阶两边经常留20cm左右不装防滑条，并与此段地面颜色变化协调，但两端需分段切割，这样做有利于泄水扫灰；在阶梯两端是开放的，做统长防滑条有利于逐级向外分流 ^{（图12-3-10）}。

在露天尤宜选带泄水缝成品，尤其在多雨的城市这点非常重要。上下重叠的凹缝纹理，俯瞰之下也是一种线型变化 ^{（图12-3-11）}。

2. 变化

有的时候防滑条也可以左右交叉，长短变化，甚至斜交，形成一种交错的韵律。在坡道这种变化很明显，非常别致 ^{（图12-3-12~图12-3-14）}。

图12-3-10 阶梯两端防滑条经常变色或留空，施工时要分开切割　　　　　图12-3-11 金属条留泄水缝

　　　　　　　　　　　　　　　　　　　　　景观设计中的垂直交通——阶、坡、梯

图12-3-12 长短变化

图12-3-13 交错变化

图12-3-14 斜向变化

3. 转角

当面层为石板、陶瓷、合成材料时，可用由上而下包含踢、踏面的转角防滑条。这种形式除了新颖、稳定，同时可避免交角缝隙，增强沿口强度。当采用卷材、板材如地毯、PVC地板时尤为合适（图12-3-15~图12-3-17）。

图12-3-15 金属包厚边，有贵重感

图12-3-16 塑材包狭边，有新颖感

图12-3-17 陶瓷重色包边，有节奏感

12.4 防滑条种类

12.4.1 石材类

石面上有几种防滑做法：选择防滑表面，喷涂或刷防滑剂，做平面防滑条（刨削线条及嵌镶金属条）和转角防滑条（图12-4-1~图12-4-4）。用块料做踢面的效果较好，（参见本书7.3节）。

景观设计中的石阶，宜用火烧、喷砂、拉丝面，或更粗糙者，只在两边侧色带处用亮面。

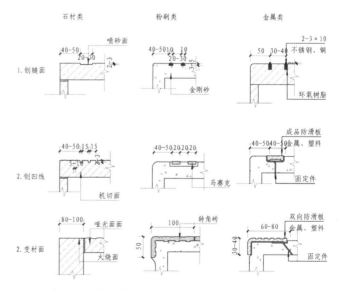
图12-4-1 各种防滑条的断面

图12-4-2 块料石材做踢面　　　　图12-4-3 喷涂或粘贴防滑剂　　　　图12-4-4 阶沿石面打毛

在石板上做凹纹防滑，最为常见。石板线条宜宽而浅，凹入控制在3mm左右，不超过5mm。有出挑的踏面石板厚不宜小于50mm。凹纹切削太深台阶易"掉牙"，积灰滞水；凹纹太多，有时多至9道或满布阶面，并不美观，建筑详图中应有表示（图12-4-5~图12-4-10）。

图12-4-5 凹纹防滑1道线　　　　图12-4-6 凹纹防滑2道线

图12-4-7 凹纹防滑3道线　　图12-4-8 凹纹防滑9道线　　图12-4-9 凹纹防滑20道线　　图12-4-10 凹纹防滑 满布线
　　　　　　　　　　　　　（3×3）

12.4.2　铺地砖

台阶配套转角防滑砖（图12-4-11），可避免出现平面防滑砖（图12-4-12）在踏板和踢板之间的缝隙，不美观且极易撬落。东南亚有线型转角砖，色泽鲜明（图12-4-13）；小型陶瓷地砖如陶瓷锦砖也可做平面防滑条，宽约40~50mm（图12-4-14）。

图12-4-11 台阶转角砖　　　图12-4-12 台阶平面防滑砖　　　图12-4-13 线型转角砖　　　图12-4-14 陶瓷锦砖

12.4.3　粉刷类

高出粉刷面上做金刚砂、水泥铁屑等防滑线条，一般做2道，间隔约20mm（图12-4-15~图12-4-17）。防滑

景观设计中的垂直交通——阶、坡、梯

图12-4-15 水磨石地金刚砂防滑条　　　图12-4-16 卵石贴地瓷砖防滑条　　　图12-4-17 粉刷加金属板

效果好且耐久，但费工且不美观，现已很少使用。长期使用后为保证效果，常另加新防滑条。

12.4.4　合成树脂定型制品

合成树脂定型制品一般以醋酸乙烯胶粘剂固定，潮湿处用环氧树脂，尤其在采用合成材料卷材铺装时尤其合适（图12-4-18~图12-4-20）。产品有各种类型、尺寸、材质供选择。

图12-4-18 成品合成树脂　　　　　　　图12-4-19 管状防滑踢面　　　图12-4-20 拉线加地贴

12.4.5　金属类定型制品

金属板条包含黄铜、不锈钢、铝合金、型钢等材料。现货产品有各类型实心、空心金属板条，平面、转折包角防滑条（图12-4-21~图12-4-25）。金属防滑条表面为凹凸面，镶嵌金属条多用厚不小于3mm的实心板条。

金属板条通常在结构体（如混凝土）上用钻孔、预埋铁件等方法镶嵌，再填以砂浆、硅胶。预埋件自梯端向内3cm起间隔30cm密布。金属类防滑条经久耐磨，可安装在人多地方。上海杜鹃路多次发生铝合金压条悉数被撬，黄色塑胶防滑条绊倒行人事故。

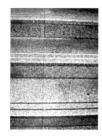

图12-4-21 平面金　图12-4-22 转角金属条　　图12-4-23 花纹金属板　　图12-4-24 金属加塑条
属条

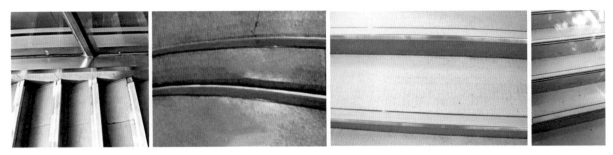

图12-4-25 嵌彩塑的转角金属条

12.5 坡道的防滑

12.5.1 传统斜坡

我国传统建筑、桥梁、道路中的坡道，常见锯齿形石板，称为"礓磋"（图12-5-1~图12-5-3）。

当然，如果把锯齿形的尺度放大，在坡陡处就会成为细牙阶坡，如用于拱桥坡面，既便于行走又可配合桥型结构。在木桥坡面则采用细木条防滑面。

图12-5-1 礓磋　　　　图12-5-2 扬州园林建筑　　　　图12-5-3 徐州古桥石面

12.5.2 重视纹理

纹理配合其他元素，可产生很好的地面装饰效果。有时会有一种大地的浮雕感，例如澳门因地势起伏，有时街道设计为齿纹（图12-5-4）。超市入口的纹理，对使用和景观都有很大影响。

图12-5-4 整条街道为齿纹，也是一个地方的特色　　　　图12-5-5 选择位置

12.5.3　设计线型

防滑的线条需组织设计。首先是选定位置，以与周围形成对比关系，并不是越多越好（图12-5-5）；其次是分组为块、减少空旷感，也有利排水和施工（图12-5-6）；三是安排线条疏密与线条宽狭（图12-5-7、图12-5-8）。

图12-5-6 设计斜坡面　　　　　　图12-5-7 切织线条　　　　　　　　　　　　　　　图12-5-8 圆弧形线

12.5.4　协调排水

室外防滑线条要与排水方向协调，这时线条呈曲折W形，横坡斜向左右（图12-5-9~图12-5-11）。如果由车库向外观看，有"弃暗投明"的感觉。

图12-5-9 线条与排水方向协调　　　图12-5-10 由内向外的感觉　　　图12-5-11 国外的设计

12.5.5　选择材料

防滑线条的做法需进行设计。如木板面可钉细木工条，也可钉金属条。混凝土除了机切线，还可埋金属条，黏贴防滑膜，此外，植草砖一类凹凸材料也可防滑。很多时候防滑是面料做法的延伸，如砖砌面、石纹理、自然面弹街石铺砌。松散材料面，要分段控制面料的移动（图12-5-12~图12-5-17）。

图12-5-12 木面防滑的两种做法　　　　　　　　　图12-5-13 贴膜防滑　图12-5-14 混凝土埋金属条

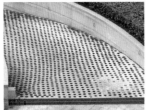

图12-5-15 混凝土粉刷条坡　　图12-5-16 植草砖类型防滑　　图12-5-17 石面纹理防滑

12.5.6　前后提示

坡面于前后应有提示的标识。金属板材、线条宜用压花板型（图12-5-18）。

但是现在常见提示扩大化，成为另类景观（图12-5-19）。

图12-5-18 金属板材线条前后加提示标识　　　　图12-5-19 阶面提示三种（全面、间隔、点状）

12.5.7　礓磋做法

斜坡金刚砂防滑条间隔约50mm，宽5~10mm。锯齿形礓磋间隔50~100cm，深6~7mm，一般车库、地下室、通道、桥面使用较为普遍（图12-5-20~图12-5-22）。因为防滑面常年经受强烈摩擦，粉刷容易破坏，施工要十分注意（图12-5-23）。

图12-5-20 锯齿形宽礓磋　图12-5-21 锯齿形礓磋缓坡　图12-5-22 锯齿形狭礓磋　图12-5-23 防滑面破坏
缓坡　　　　　　　　　　　　　　　　　　　　　　　　缓坡

12.6　存在隐患

1. 与环境不融洽

不是所有景观阶梯都适合做防滑条，尽量用材料本身防滑，更显自然匠心（图12-6-1~图12-6-3），要为景添色不要成为景观败笔。

图12-6-1 此处应用粗面防滑

图12-6-2 不锈钢钉恰到好处

图12-6-3 石料颜色是装饰也是提示

2. 防滑条的问题

防滑条要经受强烈震动，只用胶粘剂和预留木砖锚固易跳槽、脱落；用薄板弯折成Π形易弯折、踏扁，使用时间短（图12-6-4）。在阶缘交角线下沉，上下台阶脚尖容易绊脚，也属不当（图12-6-5）

3. 影响板材强度

主要因踏板太薄，且做多道深凹纹防滑，这是当前主要疵瑕。当然防滑板，尤其是塑质的，也存在破坏、脱落现象（图12-6-6、图12-6-7）。

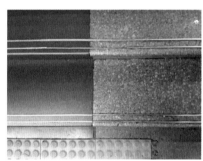

图12-6-4 薄板踏扁致脱槽
图12-6-5 转弯交角线降低

图12-6-6 石板掉牙惨不忍睹
图12-6-7 合成材料防滑条破坏

Chapter 13

第⑬章
规划之延伸

人在高差面前，可以级差移动（如台阶楼梯），也可以平面移动（如坡道），坡阶则在二者之间。平面移动中滚动、滑动二者皆有。

下面设计，虽然具有阶、梯和坡道的外形，联系着不同层面的空间和设施，但它的目的是景观、植栽、安全或结构，不是人的交通，因此作为延伸在文中提起，旁征博引、触类旁通，期望引起更多的联想。

13.1　亲水阶梯

世界上最闻名的亲水台地，是印度的恒河，那里聚集着数不清的虔诚的香客，以水洗涤他们的心灵，人离不开水如唇齿相依。下面两种做法，从水体方面说是"动"与"静"的差异，在布置方面有"点"和"线"的区别，在层变方面是"阶"与"坡"的不同。

13.1.1　入水阶坡

假如高差不大，缓坡入水应是最简易、最安全的办法。无论水上水下均同本书6.6节一样，可见各种阶坡变幻，关键是水质必须符合要求（图13-1-1~图13-1-3）。

图13-1-1 阶坡入水　　　　　图13-1-2 缓阶入水　　　　　图13-1-3 水下级差要求水质优良

景观设计中的垂直交通——阶、坡、梯

13.1.2 "动"水阶

在阶梯上布置水景的优势，在于有高差，水往低处流。这种动水，从涓涓细流到台阶瀑布都有，这里"级"与"坡"是容器，是水景形成的基础。其中有很多形式，是西班牙庭院溢流踏步、过水台阶的延伸和发展（图13-1-4~图13-1-11）。

图13-1-4 层叠流水　　　图13-1-5 凹形跌落　　　图13-1-6 板状流水　　　图13-1-7 双向跌落

图13-1-8 齿缝溢水　图13-1-9 圆盘流水　　　图13-1-10 峡谷汇水　　　图13-1-11 山峰分水

有时水是向下的，有时是向上的（如喷射）。流水有的和台阶分离，有的是和台阶相伴的，规模都很大，如上海南郊某宾馆、上海歌剧院（图13-1-12、图13-1-13）。

从这里可以看到阶梯和水的密切关系，相辅相成、相映成趣。

图13-1-12 向上的喷泉（美）　图13-1-13 结合喷水的台阶

13.1.3 "静"水阶

亲水石阶，多已成为当地历史、景观和人民生活的一部分。这种石阶有点状、有线形，就地选材，因地而宜，与水融为一体，有多种形式（图13-1-14）。当水质优越时，水下暴露无遗，如泳池、浴池、静水池（图13-1-15）

图13-1-14 多种多样的亲水石阶

图13-1-15 德国巴登巴登浴池

图13-1-16 内陆的潭和临水台阶

东南亚国家临水设长台阶，既可掬水、泊船又是固堤驳岸，内陆常做矩形潭状，我国乡镇也是这样。现在，这些已成景观流行款式（图13-1-16）。

13.2 台地面貌

13.2.1 梯田景观

在山坡，层层叠叠蔚为壮观的梯田，点缀着房舍、田径、流水、树木，有高低变化，也有色彩的变化。水田、旱田、盐田造就了原始的梯田景观（图13-2-1）。

图13-2-1 自然的梯田景观

13.2.2 层叠景观

在缓坡，一道道长短不一、曲折不等的装饰性矮墙、树坛、看台、小广场，强调、表现地形起伏、蜿蜒的存在，是当前流行的一种如梯田般的款式，甚至于发展为大地几何体的一部分（图13-2-2）。

层叠景观多数是由硬质材料组成或加固，偶见由软质材料组成（图13-2-3、图13-2-4）。软质材料要做成和

图13-2-2 层叠景观形成的树坛、广场、坐凳

景观设计中的垂直交通——阶、坡、梯

保持规则几何面并不容易，引入加固的硬质材料则是多种多样，石、混凝土、砖、钢板、金属网、木、树枝无奇不有，详见本书第 7 章。其形态变化有时是规则的，有时是自由的。错层、错位、断续等阶层的变化体形都存在。这不是用于交通而是供观赏、休闲、种植、流水的阶梯（图13-2-3、图13-2-4）。背面多数为绿色植物，有时为松散的铺装材料，丰富多样。

图13-2-3 软质材料为主组成的层叠景观

图13-2-4 硬质材料为主组成的层叠景观

13.2.3 挡墙美化

当土方高差大、坡度大时，墙身由装饰性转换为结构体，以至构成立体的锥形（如金字塔形）、球形。结构挡土墙，尤其是重力式挡土墙，其断面自上而下逐级放大，要有意识加以利用，达到景观化的要求。

有时挡土墙要做好景观立面，也会有不少挑战。如图13-2-5所示的外观，就要有相当的技术支持。

敦煌一座陈列馆墙体和老城墙相片供参考，说明这非空穴来风而是有源之水（图13-2-6~图13-2-8）。

图13-2-5 适应结构要求的挡土墙景观化、生态化处理

图13-2-6 敦煌老城墙　　　　图13-2-7 敦煌文物保护陈列中心　　　图13-2-8 气壮山河的阶

13.3　层变雕塑

13.3.1　烘托

有时阶梯是小品最适宜的造型元素（图13-3-1），有时台阶是LOGO的烘托，有时台阶是旗帜的基座，有时层变是绘画中晋升的比喻。

图13-3-1 级差是雕塑造型的元素、基座或烘托

13.3.2　雕塑

以台阶为造型的平面绘画、立体雕塑，往往表示"天地循环、生生不息"。有时指桑骂槐，有时含沙射影，都离不开"层变"的原型。其中多数是写意的，只可观赏；也有是可攀登、眺望的（图13-3-2、图13-3-3）。

图13-3-2 大地的台阶造型

景观设计中的垂直交通——阶、坡、梯

图13-3-3 立体的级差造型

13.4 特殊坡道

13.4.1 景观坡道

木甲板、阶梯、坡道从平面发展延伸到立体、休闲、装饰，创造了与大地、天空紧密相连的各种坡面、纹理、造型，以至广场、看台、坐凳、躺椅、木床、摆设现已不少见，有时规模甚大，以至成为城市广场的一种。本书称为"景观坡道"（图13-4-1~图13-4-2）。

图13-4-1 用于观赏和使用的景观坡道

图13-4-2 室内和室外的景观坡道

13.4.2 娱乐坡道

用坡道代替和辅助阶梯历来已有，由此延伸出很多以斜坡运动为主体的项目，本书归纳为"娱乐坡道"。

有时这是附属于家庭楼梯的小滑梯，老少咸宜，它满足儿童心理，可避免儿童沿扶手滑下楼的危险（图13-4-3）。儿童乐园的滑滑梯，总是充满着欢乐（图13-4-4）。

图13-4-3 庭楼梯的附属小滑梯　　　　图13-4-4 儿童乐园的自然和曲线滑梯

有时这是一种体育运动，如滑板、滑草、滑雪、滑沙，由坡道形成的滑动运动，是很具规模的（图13-4-5、图13-4-6）。

有时这是一种娱乐活动，就像迪士尼乐园的高架滑车。建于2014年的美国堪萨斯州Verruckt水滑梯，高51m，下滑时速达到65英里（约104.6km/h），堪称世上最高最快的水滑梯，而登顶需上264级台阶，经25个转折（图13-4-7）。

图13-4-5 坡道形成的滑道、攀登、钻洞运动

图13-4-6 滑板　　　　图13-4-7 美国堪萨斯州Verruckt水滑梯

13.4.3 安全坡道

用坡道作为安全疏散辅助设施，最为快捷、方便、简易，本书称为"安全坡道"。

有时这是快速交通功能需要，如前述90°垂直的救火会滑竿，和与此形式相同的交通活动，如爬绳、爬杆。

有时这是层间交通的补充，目的是快捷中能获得惊险趣味，如Google总部层间不锈钢滑梯、滑杆（图13-4-8）。

图13-4-8 Google总部层间不锈钢滑梯、滑杆

有时这是层间交通的预案，如历史上有过的滑管设施，兼用目的是紧急疏散（图13-4-9、图13-4-10）。现在动物通道常用滑管（图13-4-11）。

图13-4-9 安全爬梯　　　图13-4-10 紧急疏散用滑管　　　　　　　　图13-4-11 动物通道用滑管

附录A

台阶实例

下面所举几个实例，要说明的问题是：

泰山、天门山——自然环境下因地制宜、天人合一。

南京中山陵——纪念性陵园的台阶设计。

莫比乌斯环状梯——数学与阶梯形状内部存在的关系。

古根海姆美术馆——坡道成为建筑主要垂直交通的设计。

澳洲悉尼歌剧院——阶梯上下空间的布局，诸多方面当前可借鉴。

A1　泰山、天门山的台阶

泰山主峰海拔1545m，素有"山岳之父""天下第一山"之尊（附图A-1-1）。唐代诗人杜甫《望岳》诗曰："荡胸生层云，决眦入归鸟。会当凌绝顶，一览众山小。"

登山盘路全长约5.5km，修整后有7000多级台阶。游客"之"字形登山的就是著名的"十八盘"，从下段往上分为"慢十八盘"、"不紧不慢十八盘"和"紧十八盘"，这"紧"和"慢"指的是台阶的陡缓（附图A-1-2、附图A-1-3）。十八盘全程不足1km，垂直高度却有400余米，1633级台阶。台阶的宽度正好脚横着

附图A-1-1 泰山海拔1532.7m

附图A-1-2 从此攀登玉皇峰

附图A-1-3 越走越接近上天

放，高度有平常台阶的1.5~2个高！尤其是龙门到南天门这一段，坡度在70°~80°，给人感觉是直着上去的，俗称"紧十八"，是最难爬的。

按照一般人的体力，从红门到中天门大概需要2.5小时，从中天门到南天门需要2小时。因为后面的路不好走，到十八盘时台阶又陡又窄，每隔20分钟就需歇脚，还不能坐下休息。快到南天门时，感觉马上就要到了，其实还要爬一段时间的，真可谓是可望而不可即！

在东汉应劭的《泰山封禅仪记》里有："仰视天门窔辽，如从穴中视天，直上七里，赖其羊肠透迤，名曰环道，往往有絙索可得而登也，两从者扶挟前人相牵，后人见前人履底，前人见后人顶，如画重累人矣，所谓磨胸捏石扪天之难也。"其实泰山总高并不高，只是在平原上给人的视觉误差；另外局部崎岖难走，加深了这种印象。

登泰山不仅是一种体力的展现，还是一种意志的考验，是一种精神的渗透，一种信念的追求，更何况在泰山上还有对神灵的崇拜，对光明的期待，对先贤的叹服，对历史的回思，这才是泰山的魅力所在。

张家界天门山洞高131.5m，宽57m，深60m，洞前台阶999级，有5个缓坡4个陡坡，跌宕起伏象征人生坎坷。我国古代认为9为最大阳数，是最大、至极的意思，皇帝称为九五至尊。天梯两侧有5个平台称"有余"、"琴瑟"、"长生"、"青云"、"如意"，代表"财"、"喜"、"寿"、"禄"、"福"之意。天门山气势磅礴，孤峰高耸，山洞拔地依天，雾霭缥缈。正如元代诗人张兑所题"天门洞开云气通，江东峨嵋皆下风"。

实际上我国三峰五岳，都有这种凿岩为阶的做法。

A2　南京中山陵

陵墓按南北向对称布置在紫金山之茅山南麓的缓坡上，大钟形的平面有"唤醒民众"的含义。在中轴线上依次分布着陵门、碑亭、石阶、大平台、祭堂、墓室，从最高处的祭堂到牌坊有700m，垂直落差73m，设计时用台阶将这些建筑连为整体（附图A-2-1~附图A-2-3）。

整个轴线上共有台阶392级，全部用苏州金山花岗石砌成。其中从碑亭到祭堂290级，分成8段，各段之间设平台。这些平台既为祭奠活动提供了空间，陈列纪念品，又赋石阶以有节奏的变化。

这种台阶与平台交错的设计，形成了颇有特色的视觉效果：向上仰视只见台阶，不见平台；向下俯视只见平台，不见台阶（附图A-2-4）。

附图A-2-1 中山陵全貌，如钟形　　附图A-2-2 用台阶将建筑连为整体　　附图A-2-3 仰望中山陵

中山陵的正门陵门为单檐歇山顶，上覆蓝色琉璃瓦，南北面各有3道拱门。陵门的正上方镶有孙中山手书的鎏金大字"天下为公"石额。陵门高踞于20级花岗石台阶上，台阶下是与墓道相连的一块能容纳一万多人的水泥大平台（附图A-2-5）。

附图A-2-4 中山陵向下俯视　　　　　　　　　　附图A-2-5 陵门高踞于20级石阶上

A3　莫比乌斯环状阶梯

莫比乌斯环是把一张纸条扭转180°，头尾相接形成纸杯，这个纸杯只有一个连续平面。这种连续性有多重含义，看似连续不断的线路，仅是一种幻觉，随着阶梯的走势，朝上及朝下会颠倒过来，人们无法循着它走完全程（附图A-3-1、附图A-3-2）。

莫比乌斯环状阶梯在鹿特丹郊区Carnisselande，由NEXT建筑设计事务所设计，站在梯顶可眺望千米之外鹿特丹市的天际线，走下阶梯，又回到城郊的土地。设计者的安排隐喻了这种相互吸引又相互排斥的关系。

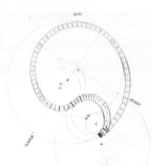

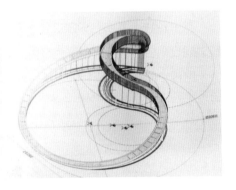

附图A-3-1 全景图　　　　　　　附图A-3-2 设想图

A4　古根海姆美术馆

纽约古根海姆美术馆为建筑大师赖特设计，占地50m×70m，1941年设计，至1959年建成（附图A-4-1、附图A-4-2）。里面是一个底部直径28m、高30m的筒形空间，坡道自下而上至各展览空间，不为楼层所隔绝，底部坡道宽5m，至顶部坡道宽10m。

附图A-4-1 古根海姆美术馆

这座建筑的空间是塑性的。展览空间从下一层向上一层自然地过渡，不再依靠固定、呆板与重叠的楼梯，垂直交通为渐进的坡道（附图A-4-3）。

但是从展览馆来说，在倾斜的地面上边走边看，加上墙面的变形，使展品不得不去掉边框。展室的层高4.5m，也限制了展品的尺寸（附图A-4-4）。设计人坚持，当展品大于层高时应锯掉较高的展品，传为佳话。

记得50年前设计上海动物园长颈鹿馆方案，冯纪忠老师提出用坡道参观，把"长颈"的特点从足到头淋漓尽致地表现出来，陈从周老师提出用"长颈"掩饰烟囱，至今念念不忘教诲。

附图A-4-2 高30m的筒形空间　　　附图A-4-3 一层自然流向另一层　　　附图A-4-4 倾斜的墙地面

A5　悉尼歌剧院

举世闻名悉尼歌剧院，坐落在悉尼港湾，三面临水，环境开阔，是当代最具特色的地标性建筑。由丹麦人伍重设计，自1957年至1973年用16年建成。歌剧院大平台上有3组圆角形尖拱，白色的屋顶犹如贝壳，翘首于河边，像迎风而驰的帆船。

3组巨大的壳片建筑，分别为音乐厅、歌剧院、贝尼朗餐厅，其他组织都在平台之下。第一层为南立口、中央大厅和汽车广场；第一层为售票处、门厅等（附图A-5-1~附图A-5-3）。

大半台为现浇钢筋混凝土结构，占地1.82hm^2，南北长186m，东西最宽处为97m。平台前90余米长台阶，堪称当今世界之最，车辆入口和停车场设在大台阶下面（附图A-5-4~附图A-5-6）。

附图A-5-1 歌剧院全景

附图A-5-2 宽阔的阶梯

附图A-5-3 台阶的侧面

附图A-5-4 台阶的拼砌

附图A-5-5 地板的固定

附图A-5-6 壳体的瓷片

景观设计中的垂直交通——阶、坡、梯

Appendix B

附录B
传统石阶

B1 建筑的台口

中国建筑无论厅堂宫殿，多沿四周外缘铺设阶沿石（台帮），形成离开地坪的台口（台基）平面^{（附图}
B-1-1）。台口前和左右设踏步，以便上下，清制称"踏踩"，宋《营造法式》称"踏道"，《营造法原》称"踏
步"^{（附图B-1-2）}。

建筑平台之宽狭，视出檐之长短及天井之深浅而定^{（附图B-1-3）}。自阶沿石至廊柱中心，常在1尺至1尺

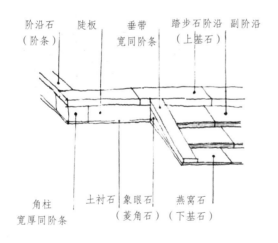

附图B-1-1 传统台阶示意图

附图B-1-2 中国建筑台基下踏踩、踏道、踏步　附图B-1-3 台基有高低，出檐有长短

六寸（0.30~0.45m）之间。殿庭雄伟，台高有时达3~4尺（0.80~1.10m），又常有祀奉、膜拜盛会，因此平台四周多环通，其宽约殿高1/3，但不超飞椽头滴水。

平台出土处作土衬石，上"陡板"（侧塘石），面之阶条称"阶沿石"（台口石），角隅植"角石"（角柱）。

B2　台阶的式样

传统台阶主要有3种式样。

B2.1　垂带踏跺

台阶两侧斜放条石称"垂带石"，宽同阶沿石。栏杆、石狮抱鼓（坤石）置于阶沿之上；垂带石以下用三角形块石筑护，常呈层层内凹形状，《营造法原》称"菱角石"（象眼），宋、清法式称"象眼石"（附图B-2-1）。

附图B-2-1　垂带踏跺

B2.2　如意踏跺

台阶三面设踏面称如意踏跺（附图B-2-2）。

B2.3　左右阶踏跺

重要殿庭的踏步中央放龙凤纹饰石板，用"剔底起突"高浮雕修饰，称"御路"，主人走左侧，客人走右侧（附图B-2-3）。一般厅堂放锯

附图B-2-2　如意踏跺　　附图B-2-3　左右阶踏跺

齿形石板，称"礓磋"，《营造法式》称"慢道"，是带锯齿形状坡道。

B3　台阶的高阔

B3.1　厅堂正间前的阶沿通常与正间面同宽

宋《营造法式》卷三 石作制度有："造踏步之制，长随间之"；清《营造算例》有"面阔如合间安，按柱中面，加垂带一份即是。如合门安，按门口宽一份，框宽二份，垂带宽二份即是"的记载（附图B-3-1）。

附图B-3-1 台阶的面阔和高度随建筑而定

B3.2　台阶级数随着台基的高度而递增

一般台基离地高至少1尺（28cm），此时踏步分2步3级；台基高的多至4~5级，按所在地势而定。

B4　踏步的制式

阶沿上者称"正阶沿"（上基石），下者称"副阶沿"，每级高4寸半至5寸（125~140mm）法式称"促面"，宽约其倍称"踏面"。符合《工程做法则例》"其宽自八寸五分至一尺为定，厚以四寸至五寸为定"要求（附图B-4-1）。

清《营造算例》中土衬石与最低一级踏面平，此末级踏面称"燕窝石"（下基石）。燕窝石与垂带有槽口连接。

基石长：大式1~1.5尺，小式1~1.1尺，约合0.28~0.42cm。

附图B-4-1 踏步的制式

B5　古为今用

传统建筑台阶，从布局到砌筑，都有很多值得借鉴学习的地方。

（1）台阶常是传统建筑群的前奏和铺垫，向上仰望让人产生敬畏感，这是很多宫殿、宗教建筑采用的设计，设有多层平台踏道包含坡道。而南方要"亲民"得多，常是正间设三五级台阶，即使台阶长阔，也做多条垂带（附图B-5-1~附图B-5-5）。民居则随行就市高低自如，活泼实用（附图B-5-6）。

（2）传统建筑，小至精美栏杆、垂带、坤石、狮子、吐水龙头，处处显示独具匠心（附图B-5-7~附图B-5-10）。

（3）一些做法显然和传统做法不协调。如附图B-5-11和附图B-5-12的圆弧形台阶、台阶高出垂带等。

附图B-5-1 多层平台踏道

附图B-5-4 统长台阶多道垂直栏杆

附图B-5-3 统长多垂带　　　　　　　附图B-5-2 多层平台坡道

附图B-5-5-5 统长台阶加斜坡

附图B-5-6 从正面阶沿看寺庙厅堂

附图B-5-7 坤石及花岗石栏杆　　　　　　　　　　附图B-5-8 花纹垂带石

附图B-5-9 泄水龙头

附图B-5-10 各种抱鼓、石狮

附图B-5-11 圆弧台阶

附图B-5-12 台阶高出侧石，栏杆没到位

附录C

水乡台阶

C1　水乡风情

　　我国江南水乡，如上海郊区的朱家角、七宝，江浙的角直、千灯、锦溪、乌镇都有依托乡镇、河流的石埠台阶。这种台阶和老百姓生活紧密相连，是他们洗衣、淘米、取水、交谈、运输、游戏、摸虾之处，也是现代水乡不可或缺的景观元素（附图C-1-1）。

附图C-1-1　水乡不可缺少的景观元素——让人思乡的台阶

　　它呈现了江南旧城、水乡风情的面貌，历经沧桑，饱含乡愁，与陆上情境融洽在一起。

　　意大利、荷兰等国的水城也多有这种景观（附图C-1-2）。

附图C-1-2　外国水乡风情的面貌（威尼斯）

景观设计中的垂直交通——阶、坡、梯

C2 位置类型

水乡临河台阶和建筑、岸驳、拱桥紧密连接，成为一体。从位置上说，常见以下几种类型：

C2.1 内收

在水面狭窄或陆地宽阔处，台阶收入在岸线之内，有的就成为民居的一部分，你中有我、我中有你（附图C-2-1）。

附图C-2-1 向岸内收的台阶　　　　　　　　　附图C-2-2 向岸外凸的台阶

C2.2 外突

在水面开阔或陆地狭窄处，台阶突出在岸线之外，岸形凹凸多变，成为水乡的风情之一（附图C-2-2、附图C-2-3）。

C2.3 交错

因为岸线的弯曲转折，造成了台阶的终极位置，同时也适应了河道的渐进慢退（附图C-2-4）。

附图C-2-3 屋檐随阶凸出　　　　　　　　附图C-2-4 曲折的岸线台阶

C2.4 转弯

在河流交叉口经常见到，有时做圆弧形台阶处伸入水，有时依圆弧形建筑贴墙做单、双跑台阶。内收和外突的不同表现得很清楚（附图C-2-5）。

C2.5 建筑

这些台阶，有的和民居建筑紧密相连，是水乡建筑的一种特征；有的和市井巷径彼此相通，往往是稠人广众场地的重要元素。在使用上，有的为私邸商铺自用，有的为市民大众公用（附图C-2-6~附图C-2-8）。

附图C-2-5 转弯处的两种台阶

附图C-2-6 厅堂前台阶（乌镇）　　附图C-2-7 从房内下台阶（乌镇）　　附图C-2-8 穿过街廊相通（乌镇）

C3 石阶平面

C3.1 单跑

常见是平行或垂直边岸的单跑台阶；有时它借屋舍间隙，有时河驳内凹，优点是占地相对窄小，尤其是节省岸线（附图C-3-1、附图C-3-2）。

附图C-3-1 屋间单跑　附图C-3-2 河驳内凹的直形台阶
垂直台阶

C3.2 双跑

双跑台阶常见贴驳走向相背的，即使临岸有多座，也不致占地过深影响水势交通。偶见离驳走向相对的，因占岸线较长（附图C-3-3、附图C-3-4）。

附图C-3-3 贴驳走向相背　　附图C-3-4 顶驳走向相对　　附图C-3-5 生活、休闲、观瞻

C3.3　平台

在阶尾常设一段加宽平台，供生活、休息、观瞻使用。这种多层次临水台的构思，已为当前景观设计所接受，并被广泛使用（附图C-3-5~附图C-3-7）。

附图C-3-6 阶尾常有加宽双向平台　　附图C-3-7 形成两个层次平面

C4　高差

当然因为地形、道路、桥梁、傍水建筑等原因，也会出现各种形式台阶变异，非常耐人寻味（附图C-4-1~附图C-4-4）。

附图C-4-1 高低回转的台阶　　附图C-4-2 系桥接路的台阶　　附图C-4-3 调控水位，亲切近人　　附图C-4-4 平台分级下降以近水

C5　石阶做法

从台阶本身看，多数台阶是块石实体砌筑，偶见挑空石条。要仔细欣赏石材的拼切砌筑、表面纹理

和色泽微差变化，虽说手工时代未必严丝密缝，但自有其天然无华的美丽，淡妆浓抹总相宜^{（附图C-5-1~附图}

C-5-6）。

在土质较弱或填土地段，可见砌入丁字石锚固。在聚众廊轩、深水阶驳，斟酌布置石驳砖栏。在易滑地方，有手凿斧砍纹理。

附图C-5-1 条石台阶的转折砌筑　　　　　　　　　附图C-5-2 挑空石条台阶

附图C-5-3 非常丰富的纹理和色泽　　　　　　　　附图C-5-4 没有到底的垂带

附图C-5-5 丁字石锚固石驳和砖栏石凳　　　　　　附图C-5-6 手工图案纹理

C6　船埠

在泊船停舟"问津"处，台阶延长成为阶列，阶即岸线。这种布置和现代T形码头不同，自有其开阔、亲切、天然的风味。

　　　　　　　　　　　　　　　　　　　　　　景观设计中的垂直交通——阶、坡、梯

因为水位的涨落，要有一段石阶没入水中。如果考虑停靠船只，在低潮时按船只的吃水深度布置；人流频繁、水深泥淤的地方，在阶末搭一段厚板，架于木桩之上，便利百姓离岸、洗涤。尽量控制水深在50cm之内，以缓坡渐伸至河心。

　　在泊船码头、驳岸，可见缆桩、锚孔和洩水孔，也是水乡一景（附图C-6-1）。

附图C-6-1 泊船的阶列和木桩、锚孔、缆柱

Appendix D

附录D

参考资料

D1 相关规范和图集

有关台阶、楼梯与坡道的要求，分布建筑、园林、市政等各类型设计规范中，主要有：《在民用建筑设计通则》（GB 50352—2005）、《公园规范》（CJJ 48—92）、《绿地设计规范》（DG/T J08-15—2009）、《无障碍设计规范》（GB 50763—2012）、《楼梯建筑构造》（99-SJ403）。

D2 适宜的坡度

各种坡度适宜的用途见附表D-2-1。

坡度说明   附表 D-2-1

序号	坡度	说明	
1	完全平坦地面	即坡度为 0°，无法排水，宽广的地坪会有下凹错觉，地面最小排水坡度 ≥ 0.2%~0.3%，适宜人行的坡度为 ≤ 7°	
2	人行适宜坡度	台阶 ≥ 12° 设起始踏步，≥ 35° 设踏步栏杆（常用范围 20°~60°）	
		坡道适宜坡度约 15°（常用范围 12°~20°）	
		楼梯适宜坡度约 35°（常用范围 20°~45°）	
		蹬道 攀梯 爬梯适宜坡度约 75°（常用范围 60°~90°）	
3	车行适宜坡度	自行车	适宜坡度约 2°（常用范围 ≤ 8.5°）
		小型三轮车	≤ 11°~15°
		小型四轮拖拉机	≤ 15°~18°
		普通拖拉机	≤ 12°~16°
		公共汽车	≤ 15°~18°
		客车	≤ 18°~24°

景观设计中的垂直交通——阶、坡、梯

序号	坡度		说明
4	铺装种植坡度	绿化种植	3%~5%（常用范围 0.5%~10%）
		地坪草坪	5%~10%（常用范围 1%~25%）
		运动草坪	约 1%（常用范围 0.5%~2%）
		地面铺装	约 1%（常用范围 0.5%~2%）
		铺草斜坡	约 20%（常用范围 ≤ 25%）

D3　阶梯的坡度

坡度为步高 h 和级宽 b 的比，有多种计算公式：

（1）$2h+b=630mm$　　（≤25°）

（2）$b=11+\sqrt{7\times(23-h)^2+80}$　　（≤25°）

（3）$h+b=450mm$

（4）$2h+b=600mm$（室内）　　$2h+b=700mm$（室外）

（5）$b=\dfrac{300\times h}{2\times h-150}$　　（100<h<170mm）

以爬高 3m 为例，各种公式计算的级宽 b 值比较见附表 D-3-1 所列。

各种公式计算的级宽 b 值比较　　　　　　　　　　　附表 D-3-1

级数	步高 h（mm）	级宽 b（mm）					
		公式（1）	公式（2）	公式（3）	公式（4）室内	公式（4）室外	公式（5）
10	300	30*	866	150*	0	100*	200*
15	200	230*	601	250	200*	300	240*
20	150	330	469	300	300	400	300
25	120	390	390	330	360	460	400
30	100	430	337	350	400	500	600

注：1. 公式中带 * 数字表示正常情况下不宜使用，但在特定情况下如陡坡峭壁或爬梯可参考。

　　2. 我国《建筑设计资料集》(1973 年版)：计算踏步高度和宽度的一般公式 2R+T=S=600mm（R 即本节公式中的 h，T 即本节公式中的 b）。本节公式（4）同此项公式，因着重于室外台阶设计，增加踏步宽度 b 值尺寸。

　　3. 以上公式在步高 h 为 100mm、120mm、150mm 时，数据基本接近。其中公式（2）在踏步高度增加时，踏步宽度随着增加，表示坡度变化小。其他公式则相反，踏步高度增加，踏宽相应减少，表示坡度改变大。

从以上计算和经验，坡缓时常使用的为公式（4）及公式（1）。

西班牙建筑师布鲁托经验数据。室外花园台阶舒适范围100~140 mm × 325~430mm，坡度 15°~20°，余地较大，便于适应跌宕起伏环境，供参考。

D4　阶梯的宽度

阶梯宽度见附表D-4-1。

阶梯宽度 附表 D-4-1

一人	3.28 英尺（约1m）	最小 2.46 英尺（约0.75m）
	旋梯窄梯宽度 2.13 m	旋梯窄梯最小宽度 1.15 m
二人	4.26 英尺（约1.3m）	最小 3.61 英尺（约1.1m）
三人	6.23 英尺（约1.9m）	最小 5.90 英尺（约1.8m）

D5　轮椅坡道的宽度（净宽）

（1）不小于1.0m，一辆轮椅坡道。

（2）不小于1.2m，无障碍出入口轮椅坡道。

（3）不小于1.5m，无障碍出入口轮椅坡道+行人侧身通过。

（4）不小于1.8m，无障碍出入口轮椅坡道+行人正面通过。

（6）不小于2.0m，2辆轮椅坡道。

D6　坡度与角度

地面的坡度（i）有3种表示，即百分比（%）和高宽比（H/L），在数学上tgα = H/L。有时较大的坡度也会用角度α（°）表示。这里多数按习惯，也是按照设计、施工方便来表示。

地面铺装的坡度，多数用百分比（%），有时也用高宽比（H/L）。如道路纵坡用0.05%表示，道路横坡用2%或1：50都可以。而残疾人坡道用H/L（1：8~1：20）表示。

土方的坡度多数用高宽比（H/L）表示，如河岸底坡1/6。有时加角度（°）注明，因为土壤的安息角用的是角度（°），如砂壤土安息角为33°。

屋面的排水坡度多数用百分比（%），但犀面的坡度用角度（°）表示。如卷材屋面水沟纵坡1%，但小青瓦屋面30°或注明1/2.5。

数值小时，用百分比（%）方便，反之用高宽比（H/L）。景观设计要注意三者的关系，例如常把缘石坡道＞1：8误解为8%。

三者的关系和感觉见附表D-6-1。

序号	百分比（%）	高宽比（H/L）	角度 α（°）	使用感觉
1	0	—	0	完全平坦，不但积水，还会有凹陷的感觉
	0.2	1：500	0°6.6′	公园绿地道路广场最小排水坡度
	1.0	1：100	0°34′	一般道路人行道地坪排水坡度
2	2.0	1：50	1°09′	人行道横坡，排水边沟最小坡度
				松散类铺装材料排水坡度
	2.50	1：40	1°25′	2%~4% 时感觉平坦、活动方便、视野开阔 2.5%~5% 坡度适宜绿化种植
				草坪类铺装材料排水坡度
				广场排水坡上限
3	4.0	1：25	2°17′	可进行活动性运动，轮椅适宜纵坡（日本）
4	5.0	1：20	2°52′	自行车舒适运动坡度上限
				轮椅适宜坡度（中国），停车场最大纵坡
	6.67	1：15	3°49′	一般道路最大纵坡，轮椅最大坡度（日本）
	8.5	1：12	4°46′	公园绿地主要道路最大坡度
				自行车短距离上坡极限，下坡有危险
				轮椅最大坡度（中国），轮椅极限坡度（日本）
5	10.00	1：10	5°71′	有明显坡度，要种草、做踏级、防冲刷 4%~10% 适宜草坪活动，排水沟最大坡度
				停车场最大横坡
6	12.50	1：8	7°	山地公园主路最大坡度 车道规划最大坡度，轮椅极限坡度（中）
7	16.67	1：6	9°28′	汽车上坡极难
	18.00	1：5.56	10°12′	公园绿地次要道路最大坡度，台阶坡道
8	20.00	1：5	11°19′	人行远足尚可适应 车行道纵坡极限，推车前进的极限，攀行无法休息观景
9	25.00	1：4	14°02′	雨水侵蚀很大，一般建筑物极限 10%~25% 适于草台阶，展现优美造型坡段 未修剪草地、水田、菜地的上限
	30.00	1：3.33	17°	一般建筑物极限
10	33.33	1：3	18°43′	机修草坪最大纵坡
	35.00	1：2.86	19°	公园绿地主要坡道最大坡度 含水黏土的极限

序号	百分比（%）	高宽比（H/L）	角度 α（°）	使用感觉
11	40.00	1：2.5	21°48′	
12	50.00	1：2.0	26°34′	树木种植的最大极限
	60.00	1：1.67	31°	干燥砂的最大稳定坡 公园绿地坡道应设防滑护栏
	70.00	1：1.43	35°	干燥土的稳定坡，草园种植极限
	80.00	1：1.25	39°	含水砂的稳定坡，干燥黏土稳定坡
13	100.00	1：1	45°00′	草坪最大纵坡含水土的稳定坡

说明：本表格参考了有关资料，但已忘记出处，如蒙提醒将在再版时注明。

D7 阶梯与基土

园林绿地的阶坡，多处于自然环境，常经人为拾掇。要根据当地生境灵活规划平面和立面，设计具体构造。

1. 加固

如果基土稳定，宜做自然形态土、草、石坡阶。当坡度较大，土、草不易固定时，要用硬质材料加固，例如木板、木桩、石块及碎石垫层。在一般不拥堵地方，生态、节约、观赏俱佳。

2. 凿岩

陡峭的山坡行走困难，因此需做台阶。在现有地形中挖掘、发现可靠支点，叠石或凿岩为阶。石材恒久，在深山寺庙、乡舍，经常可见到这种因地制宜、就地取材的台阶。

3. 贴地

基土尚稳定，这时宜去表层杂物，在地槽中砌砖垒石填碎石做阶坡。当标高在土层面之上，踏级两端尖角暴露在外时，要注意安全和美观。

4. 混凝土层

在基土上去除浮土，于碎石垫层上浇捣混凝土，再做面层。这是当前常见做法，以下几点需要注意：

（1）当混凝土浇筑于老土或经分层夯实达到设计要求密实度之上时，下需铺垫级配碎石，厚度及两侧各放出约10~15cm。因呈倾斜之势，务求碾平夯实。

（2）当混凝土浇筑于新填土（虚土）之上时，调厚垫层及用料。此时台阶混凝土层与上下两端之地坪、墙体交接处，需加厚并做变形缝，下端基础应置于冻土线之下。此为当前设计常见问题（附图D-7-1、附图D-7-2）。

（3）当阶梯设计为等距、标准形状时，可考虑预制混凝土。

5. 栈道

当地面崎岖不平、高差较大时，贴地已不利生态和施工。最好的办法是在木、混凝土桩上架梁枋，做栈道设计。

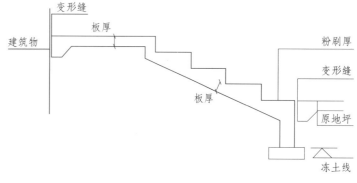

附图D-7-1 钢筋混凝土梁柱木板面栈道　　　附图D-7-2 钢筋混凝土结构示意

6. 浮桥

　　如果栈道之处水深或淤泥，考虑根据水位灵活做浮筒。活动塑质码头已有成品供应，使用方便；也可利用废弃塑料桶管做浮筒，更节约。

D8　钢筋混凝土台阶粉刷装饰参考做法

钢筋混凝土台阶粉刷装饰做法　　　　　　　　　　　　　　　　附表 D-8-1

序号	厚度（mm）		做法	说明
1	水泥面层	20	（1）粉光	可用白色或彩色水泥
			（2）刷水泥浆	1道或添加色粉
			（3）钢筋混凝土基层	
2	水磨石面层	35	（1）15mm厚1：2.5水泥磨石面（彩色或本色）	水泥、石碴体积比
			（2）刷水泥浆	1道
			（3）镶分格条	铜条厚1.2~1.3mm
			（4）20mm厚1：2.5水泥砂浆找平	
			（5）1mm厚素水泥浆结合层	
			（6）钢筋混凝土基层	
3	水刷石面层	30	（1）15mm厚1：1.5 水泥石屑面（彩色或本色）	水泥、石碴体积比
			（2）刷水泥浆	1道
			（3）12~15mm 1：2.5水泥砂浆底层	
			（4）1mm厚素水泥浆结合层	
			（5）钢筋混凝土基层	

序号		厚度（mm）	做法	说明
4	斩假石面	30	（1）15mm 厚 1 ∶ 1.5 水泥白石屑面	水泥、石碴体积比
			（2）刷水泥浆 1 道	
			（3）12~15mm 1 ∶ 2.5 水泥砂浆底层	
		1	（4）素水泥浆结合层	
			（5）钢筋混凝土基层	
5	砖面层	90~150	（1）平砌 60mm 厚，竖砌 120mm 厚	青红砖排列见图 7-6-1、图 7-6-2
			（2）30mm 厚 1 ∶ 3 水泥砂浆或砂垫层	
			（3）钢筋混凝土基层	

参考文献

［1］埃娃．伊日奇娜．当代国外楼梯设计[M]．杨芸，陈震宇译．北京：中国建筑工业出版社，2002．

［2］最新建筑设计详图资料集（5）：楼梯·减震 [M]．香港：香港城大出版社，2007．

［3］卡尔斯·布鲁托．最新楼梯设计[M]．武汉：华中科技大学出版社，2011．

［4］艾伦·布兰克，西尔维娅·布兰克．楼梯——材料·形式·构造[M]．黄健，谢建军，康竹卿译．北京：知识产权出版社，中国水利水电出版社，2005年

［5］朱保良．坡·阶·梯竖向交通设计与施工[M]．上海：同济大学出版社，1998．

［6］丰田幸夫．风景建筑小品设计图集[M]．北京：中国建筑工业出版社，1999．

［7］Robert Holden，Jamie Liversedge．景观建筑工程[M]．王晨，刘铭，马洪峥译．北京：电子工业出版社，2013．

［8］建筑工程部北京工业建筑设计院．建筑设计资料集．北京：中国建筑工业出版社，1973．

［9］田永复编著．中国古建筑知识手册[M]．北京：中国建筑工业出版社，2014．

致　谢

对本人工作、交往过的上海兰斯凯普城市景观设计有限公司、上海园林设计院、上海浦东规划建筑设计院、上海园林工程公司、上海锦展园林工程公司、上海经纬建筑规划设计研究院、上海城建设计院园林景观所、江苏大千设计院上海分公司、马达思班设计公司、上海景盛景观设计工程公司等单位给予的诸多帮助支持，对腾讯网微信众多景观设计平台提供的相片资料，表示感谢，但历时久长，无法逐一表示，表示抱歉。